农民与农技人员知识更新培训丛书

肉牛

科学养殖技术

主　编

曹玉凤　李秋凤

副主编

高玉红　李　妍

殷元虎　孙晓玉

编著者

（按姓氏笔画为序）

于春起　王晓玲　孙晓玉　杜柳柳

李　妍　李春芳　李秋凤　李晓萌

余文莉　张进红　赵慧秋　殷元虎

高玉红　曹玉凤　韩广星

金盾出版社

内 容 提 要

　　为了响应农业部启动的基层农技人员知识更新培训计划,金盾出版社与河北农业大学、江西省农业科学院等单位共同策划,约请数百名理论基础扎实、实践经验丰富的农业专家、学者参加,组织编写了农民与农技人员知识更新培训丛书,这套丛书包括粮棉油、蔬菜、果树、畜牧、兽医、水产、农机、农经等方面。本书是这套丛书的一个分册,系统地介绍了肉牛环境控制与肉牛场建设,肉牛的主要品种,肉牛的繁育技术,肉牛的饲料及调制技术,肉牛的饲养管理及肥育技术及肉牛的常见病防控技术。本书语言通俗易懂,技术简明实用,适合肉牛养殖场、养牛专业户、畜牧兽医工作者阅读,亦可作为农业院校相关专业师生课外用书。

图书在版编目(CIP)数据

　　肉牛科学养殖技术/曹玉凤,李秋凤主编.— 北京 : 金盾出版社,2016.1(2019.3 重印)

　　(农民与农技人员知识更新培训丛书)

　　ISBN 978-7-5186-0122-6

　　Ⅰ.①肉… Ⅱ.①曹…②李… Ⅲ.①肉牛—饲养管理 Ⅳ.①S823.9

　　中国版本图书馆 CIP 数据核字(2015)第 243200 号

金盾出版社出版、总发行
北京太平路 5 号(地铁万寿路站往南)
邮政编码:100036 电话:68214039 83219215
传真:68276683 网址:www.jdcbs.cn
双峰印刷装订有限公司印刷、装订
各地新华书店经销
开本:850×1168 1/32 印张:6.5 字数:150 千字
2019 年 3 月第 1 版第 4 次印刷
印数:11 001～14 000 册 定价:19.00 元
(凡购买金盾出版社的图书,如有缺页、
倒页、脱页者,本社发行部负责调换)

农民与农技人员知识更新培训丛书
编委会

主　任
谷子林　周宏宇

委　员
（按姓氏笔画排列）

乌日娜　孙　悦　任士福　刘月琴

刘秀娟　刘海河　李建国　纪朋涛

齐遵利　宋心仿　张　琳　赵雄伟

曹玉凤　黄明双　甄文超　藏素敏

前 言

目前，我国肉牛产业发生了明显变化，主要表现在肉牛牛源危机愈演愈烈，异地育肥进入了异常困难期；肉牛数量不断减少，特别是母牛数量持续下降，农区母牛养殖户和小型育肥场逐渐退出，规模化育肥场和母牛场不断增多；肉牛合作经济组织凸显优势，随母牛源越省布点、订单式企业明显增加，确保母牛基地的竞争越来越明显，标准化的小群体大规模的全产业链（合作社）成为今后肉牛产业发展方向。因此，奶公犊育肥技术、母牛舍饲养殖技术、优质高档牛肉生产技术等受到了养殖者的重视。

为适应我国肉牛养殖的新形势，我们编著了《肉牛科学养殖技术》一书，以供同行参阅。本书分六章，较系统地介绍了肉牛环境控制与肉牛场建设、肉牛的主要品种、肉牛的繁育技术、肉牛的饲料与调制技术、肉牛的饲养管理与育肥技术、肉牛的常见疫病防控技术等技术，语言通俗易懂，技术简明实用。

本书由"国家现代肉牛牦牛产业技术体系建设专项和农业部行业专项""北方农作物秸秆饲用化利用技术研究与示范资助"，同时感谢金盾出版社的编辑们为本书出版做出的辛勤劳动。此外，本书参考和引用了许多文献的有关内容，在此一并致谢！

因作者水平所限，书中缺点和不足之处在所难免，敬请读者批评指正。

编 著 者

目　录

第一章 肉牛场环境控制与建设

一、肉牛场环境控制技术

环境条件不仅影响肉牛的生长发育及增重,还会影响健康。

(一)环境条件对肉牛的影响

1. 温热环境

(1)温度 牛舍气温的高低直接或间接影响牛的生长和繁殖性能。牛的适宜温度为5℃~21℃。牛在高温环境下,特别是在高温高湿条件下,机体散热受阻,体内蓄热,导致体温升高,引起中枢神经系统功能紊乱而发生热应激,肉牛主要表现为体温升高、行动迟缓、呼吸困难、口舌干燥、食欲减退等症状,降低机体免疫力,影响牛的健康,最后导致热射病。

在低温环境下,对肉牛造成直接的影响就是容易出现感冒、气管和支气管炎、肺炎以及肾炎等症状,所以必须加以重视。初生牛犊由于体温调节能力尚未健全,更容易受低温的不良影响,必须加强牛犊的保温措施。

(2)湿度 牛舍要求的适宜相对湿度为55%~80%。湿度主要通过影响机体的体温调节而影响肉牛生产力和健康,常与温度、气流和辐射等因素综合作用对肉牛产生影响。舍内温度不适时,增加舍内湿度可减弱机体抵抗力,增加发病率,且发病后的过程较为沉重,死亡率也较高。如高温、高湿环境使牛体散热受阻,且促进病原性真菌、细菌和寄生虫的繁殖;而低温、高湿,牛易患各种感冒性疾病,如风湿、关节炎、肌肉炎、神经痛和消化道疾病等。当舍内温度适宜时,高湿有利于灰尘下沉,空气较为洁净,对防止和控制呼吸道感染有利。而空气过于干燥(相对湿度在40%以下),牛的皮肤和口、鼻、气管等黏膜发生干裂,会降低皮肤和黏膜对微生物的防卫能力,易引起呼吸道疾病。

(3)气流 任何季节牛舍都需要通风。一般来说,犊牛和成牛适宜的风速分别为 0.1~0.4 米/秒和 0.1~1 米/秒。舍内风速可随季节和天气情况进行适当调节,在寒冷冬季,气流速度应控制在 0.1~0.2 米/秒,不超过 0.25 米/秒;而在夏季,应尽量增大风速或用排风扇加强通风。夏季环境温度低于牛的皮温时,适当增加风速可以提高牛的舒适度,减少热应激;而环境温度高于牛的皮温时,增加风速反而不利。

2. 有害气体 舍内的有害气体不仅影响到牛的生长,对外界环境也造成不同程度的污染。对牛危害比较大的有害气体主要包括氨气、二氧化碳、硫化氢、甲烷、一氧化碳等。其中,氨气和二氧化碳是给牛健康造成危害较大的两种气体。

(1)氨气(NH_3) 牛舍内 NH_3 来自粪、尿、饲料和垫草等的分解,所以舍内含量的高低取决于牛的饲养密度、通风、粪污处理、舍内管理水平等。肉牛长期处于高浓度 NH_3 环境中,对传染病的抵抗力下降,当氨气吸入呼吸系统后,可引起上部呼吸道黏膜充血、支气管炎,严重者可引起肺水肿和肺出血等症状。国家行业标准规定,牛舍内 NH_3 含量不能超过 20 毫克/米^3。

(2)二氧化碳(CO_2) CO_2 本身无毒,是无色、无臭、略带酸味的气体,它的危害主要是造成舍内缺氧,易引起慢性中毒。国家行业标准规定,牛舍内 CO_2 含量不能超过 1 500 毫克/米^3。北方的冬季由于门窗紧闭,舍内通风不良,CO_2 浓度可高达 2 000 毫克/米^3 以上,造成舍内严重缺氧。

3. 微粒 微粒对肉牛的最大危害是通过呼吸道造成的。牛舍中的微粒小部分来自于外界的带入,大部分来自饲养过程。微粒的数量取决于粪便、垫料的种类和湿度、通风强度、牛舍内气流的强度和方向、肉牛的年龄、活动程度以及饲料湿度等。一般空气中尘埃含量为 $10^3 \sim 10^6$ 粒/米^3,加料时可增加 10 倍。国家行业标准规定,牛舍内总悬浮颗粒物(TSP)不得超过 4 毫克/米^3,可吸入颗粒物(PM$_{10}$)不得超过 2 毫克/米^3。

4. 微生物 牛舍空气中的微生物含量主要取决于舍内空气中微粒的含量,大部分的病原微生物附着在微粒上。凡是使空气中微粒增加的因素,都会影响舍内空气中的微生物含量。据测定,牛舍在一般生产条件下,空气中细菌总数为 $121 \sim 2\,530$ 个/升,清扫地面后,可使细菌达到 16 000 个/升。另外,牛咳嗽或打喷嚏时喷出的大量飞沫液滴也是携带微生物的主要途径。

(二)环境安全控制技术

适宜的环境条件可以使肉牛获得最大的经济效益,因此在实际生产中,不仅要借鉴国内外先进的科学技术,还应结合当地的社会、自然条件以及经济条件,因地制宜地制定合理的环境调控方案,改善牛舍小气候。

1. 防暑与降温

(1)屋顶隔热设计 屋顶的结构在整个牛舍设计中起着关键作用,直接影响舍内的小气候。

①选材 选择导热系数小的材料。

②确定合理的结构 在夏热冬暖的南方地区,可以在屋面最下层铺设导热系数小的材料,其上铺设蓄热系数较大的材料,再上铺设导热系数大的材料,这样可以延缓舍外热量向舍内的传递;当夜晚温度下降的时候,被蓄积的热量通过导热系数大的最

上层材料迅速散失掉。而在夏热冬冷的北方地区,屋面最上层应该为导热系数小的材料。

③选择通风屋顶 通风屋顶通常指双层屋顶,间层的空气可以流动,主要靠风压和热压将上层传递的热量带走,起到一定的防暑效果。通风屋顶间层的高度一般平屋顶为20厘米,坡屋顶为12～20厘米。这种屋顶适于热带地区,寒冷地区或冬冷夏热地区,不适于选择通风屋顶,但可以采用双坡屋顶设天棚,两山墙上设通风口的形式,冬季可以将风口堵严。

④采用浅色、光平外表面 外围护结构外表面的颜色深浅和光平程度,决定其对太阳辐射热的吸收和发射能力。为了减少太阳辐射热向舍内的传递,牛舍屋顶可用石灰刷白,以增强屋面反射。

(2)加强舍内的通风设计 自然通风牛舍可以设天窗、地窗、通风屋脊、屋顶风管等设施,以增加进、排风口中心的垂直距离,从而增加通风量。天窗可在半钟楼式牛舍的一侧或钟楼式牛舍的两侧设置,或沿着屋脊通长或间断设置;地窗设在采光窗下面,应为保温窗,冬季可密闭保温;屋顶风管适用于冬冷夏热地区,炎热地区牛舍屋顶也可设计为通风屋脊形式,增加通风效果。

(3)遮阴与绿化 夏季可以通过遮阴和绿化措施来缓解舍内的高温。

①遮阴 建筑遮阴通常采用加长屋檐或遮阳板的形式。根据牛舍的朝向,可选用水平遮阴、垂直遮阴和综合遮阴。对于南向及接近南向的牛舍,可选择水平遮阴,遮挡来自窗口上方的阳光;西向、东向和接近这两个朝向的牛舍需采用垂直遮阴,用垂直挡板或竹帘、草苫等遮挡来自窗口两侧的阳光。此外,很多牛舍通过增加挑檐的宽度达到遮阴的目的,考虑到采光,挑檐宽度一般不超过80厘米。

②绿化 绿化既起到美化环境、降低粉尘、减少有害气体和噪声等作用,又可起到遮阴作用。应经常在牛场空地、道路两旁、

运动场周围等种草种树。一般情况下,场院墙周边、场区隔离地带种植乔木和灌木的混合林带;道路两旁既可选用高大树木,又可选用攀缘植物,但考虑遮阴的同时一定要注意通风和采光;运动场绿化一般是在南侧和西侧,选择冬季落叶、夏季枝叶繁茂的高大乔木。

(4)**搭建凉棚** 建有运动场的牛场,运动场内要搭建凉棚。凉棚长轴东西向配置,以防阳光直射凉棚下地面,东西两端应各长出 3～4 米,南北两端应各宽出 1～1.5 米。凉棚内地面要平坦,混凝土较好。凉棚高度一般 3～4 米,可根据当地气候适当调整棚高,潮湿多雨地区应该适当降低,干燥地区可适当增加高度。凉棚形式可采用单坡或双坡,单坡的跨度小,南低北高,顶部刷白色,底部刷黑色较为合理。

凉棚应与牛舍保持一定距离,避免有部分阴影会射到牛舍外墙上,造成无效阴影。同时,如果牛舍与凉棚距离太近,影响牛舍的通风。

(5)**降温措施** 夏季牛舍的门窗打开,以期达到通风降温的目的。但高温环境中仅靠自然通风是不够的,应适当辅助机械通风。吊扇因为价格便宜是目前牛场常用的降温设备,一般安装在牛舍屋顶或侧壁上,有些牛舍也会选择安装轴流式排风扇,采用屋顶排风或两侧壁排风的方式。在实际生产中,风扇经常与喷淋或喷雾相结合使用效果更好。安装喷头时,舍内每隔 6 米装 1 个,每个喷头的有效水量为 1.2～1.4 升/分时,效果较好。

冷风机是一种喷雾和冷风相结合的降温设备,降温效果很好。由于冷风机价格相对较高,肉牛舍使用不多,但由于冷风机降温效果很好,而且水中可以加入一定的消毒药,降温的同时也可以达到消毒的效果,在大型肉牛舍值得推广。

2. 防寒与保暖

(1)**合理的外围护结构保温设计** 牛舍的保温设计应根据不

同地方的气候条件和牛的不同生长阶段来确定。目前,冬季北方地区牛舍的墙壁结冰、屋顶结露的现象非常严重,主要原因在于为了节省成本,屋顶和墙壁的结构不合理。选择屋顶和墙壁的构造时,应尽量选择导热系数小的材料,如可以用空心砖代替普通红砖,热阻值可提高 41%,而用加气混凝土砖代替普通红砖,热阻值可增加 6 倍。近几年来,国内研制了一些新型经济的保温材料,如全塑复合板、夹层保温复合板等,除了具保温性能外,还有一定的防腐、防潮、防虫等功能。

在外围护结构中,屋顶失热较多,所以加强屋顶的保温设计很重要。天棚可以使屋顶与舍空间形成相对静止的空气缓冲层,加强舍内的保温。如果在天棚中添加一些保温材料,如锯末、玻璃棉、膨胀珍珠岩、矿棉、聚乙烯泡沫等可以提高屋顶热阻值。

地面的保温设计直接影响牛的体热调节,可以在牛床上加设橡胶垫、木板或塑料等,牛卧在上面比较舒服。也可以在牛舍内铺设垫草,尤其是小群饲养,定期清除,可以改善牛舍小气候。

(2)牛舍建筑形式和朝向 牛舍的建筑形式主要考虑当地气候,尤其是冬季的寒冷程度、饲养规模和饲养工艺。炎热地方可以采用开放舍或半开放舍,寒冷地区宜采用有窗密闭舍,冬冷夏热的地区可以采用半开放舍,冬季牛舍半开的部分覆膜保温。

牛舍朝向设计时主要考虑采光和通风。北方牛舍一般坐北朝南,因为北方冬季多偏西风或偏北风,另外,北面或西面尽量不设门,必须设门时应加门斗,防止冷风侵袭。

3. 饲养管理

(1)调整饲养密度 饲养密度是指每头牛占床或占栏的面积,表示牛的密集程度。冬季可以适当增加牛的饲养密度,以提高舍温,但密度太大,舍内湿度会相对增加,有的牛舍早上空气相对湿度可高达 90%,有害气体如氨气和二氧化碳浓度也会随之增加。而且密度太大,小群饲养时会增加牛的争斗,不利于牛的健康生长。夏季为了减少舍内的热量,要适当降低舍内牛的饲养密度,但一定要考虑牛舍面积的利用效率。

(2)控制湿度 每天肉牛可排出约20千克的粪便和18千克左右的尿液,如果不及时清除这些污水污物,很容易导致舍内空气的污浊和湿度的增加。通风和铺设垫草是较便捷、有效地降低舍内湿度的方法。一年四季每天定时通风换气,既能排出舍内的有害气体、微生物和微粒,又能排出多余的热量和水蒸气。冬季通风除了排出污浊空气,还要排除舍内产生的大量水蒸气,尤其是早上通风特别关键。

为了保持牛床的干燥,可以在牛床上铺设垫草,以保持牛体清洁、健康,而且垫草本身可以吸收水蒸气和部分有害气体,如稻草吸水率为324%,麦秸吸水率为230%。但铺设垫草时,必须勤更换,否则污染会加剧。

(3)利用温室效应 透光塑料薄膜和阳光板起到不同程度的保温和防寒作用,冬季应经常在舍顶和窗户部位覆盖这些透明材料,充分利用太阳辐射和地面的长波辐射热使舍内增温,形成"温室效应"。但应用这种保温措施时,一定要注意防潮控制。

总之,这些管理措施虽然可以改善牛舍的环境,但必须根据牛场的具体情况加以利用。此外,控制牛的饮水温度也是肉牛养殖的一个重要环节,夏季饮用地下水、冬季饮用温水对于夏季防暑和冬季的防寒有重要意义。

二、肉牛场建设

肉牛的健康程度以及生产性能与肉牛场的建设密切相关。肉牛场建设的好坏直接影响场区及舍内的环境。该部分主要包括场址选择、布局、牛舍建筑等。

（一）场址的选择

1. 自然条件

（1）地形和地势 场地要求地形整齐、开阔、有足够的面积。地形整齐便于场内布局的规划，地形不规则或边角太多，使建筑物布局凌乱，不便管理并会造成防疫的困难。

地势要求高燥、背风向阳、干燥平坦、排水良好。在平原地区选场时，一般选择平坦、开阔、较周围地段稍高的地方；在山区建场，应选择缓坡，坡度不大于25%，以2%～3%为宜；在靠近河流、湖泊的地方选址，应选在较高地方，比当地水资源最高水位高1～2米，防止洪水暴发时遭到水淹。

（2）水源 牛场需要大量的水，用水主要包括牛的饮水、人员生活用水、饲养管理用水，以及消防用水等。选场址时要求水源的水量充足，同时要求水质清洁，符合畜禽饮用水水质要求，水源主要包括降水、地面水和地下水。目前常用的水源为地下水。

（3）土壤地质 沙壤土由于沙粒和黏粒比例适宜，兼具沙土和壤土的优点，既克服了黏土透水透气性差、吸湿性强的缺点，又弥补了沙土导热性大、热容量小的不足。所以，沙壤土最适合建场，但实际生产中选择理想的土壤不是容易的，这就需要在牛舍设计、施工、使用和管理过程中，设法弥补土壤缺陷带来的不足。

（4）气候 拟建地区要考虑的因素主要包括平均气温、常年主导风向、日照情况、降水量和积雪深度、土壤冻结深度等。这些指标直接关系着场区的防暑、防寒措施以及牛舍朝向、遮阴设施的设置等。

2. 社会条件

（1）城乡建筑设计 牛场场址的选择应考虑城镇和乡村的长远发展，不应在城镇建设发展方向上选择，以免造成场址的搬迁和重建。

(2)卫生防疫间距　牛场的位置应选在居民点的下风向,并且要与居民点保持 200～500 米的间距,牛场与其他畜牧场之间也要保持一定的间距,一般牧场应不小于 300 米,大型牧场之间的间距应该达到 1 000～1 500 米。应距国道、省际公路 500 米,距省道、区际公路 300 米,距一般公路 100 米。

(3)交通运输条件　牛场要求交通方便,特别是大型牛场,饲料、产品、粪污废弃物运输量较大,必须保证交通运输的便利,以减少运输的费用。牛场所用粗饲料能够就近解决,以减少饲料成本。

(4)电力条件　必须有可靠的电力供应,通常要求有Ⅲ级供电能源,Ⅲ级电源时要自备发电机,以保证场内供电的稳定可靠。

(5)土地征用需要　必须符合本地农牧业生产发展的总体规划、土地利用发展规划和城乡建设发展规划的用地要求。不占用基本农田,尽量选择荒地或劣地建场。不宜征用的土地包括自然保护区、风景旅游区;受洪水或山洪威胁及有泥石流、滑坡等自然灾害多发地带;自然环境污染严重地区。

(6)协调的周边环境　可以充分利用自然山丘或树林作建筑背景,起到美化环境的作用。多风地区的夏季,由于臭味容易扩散,应考虑贮粪池的位置和容量,以及肉牛粪污的产生量,建设一个处理粪污的处理场,使粪污能成为可利用的资源。

(二)肉牛场的布局和规划

根据生产功能,牛场通常分为生活管理区、辅助生产区、生产区和粪污处理区。各功能区的位置见图 1-1。当地势和风向不是同一方向,而按照防疫要求又不容易处理时,则应以风向为主。

(1)生活管理区　主要包括办公室、接待室、资料室、财务室、职工宿舍、食堂、厕所和值班室等建筑。一般情况下生活管理区

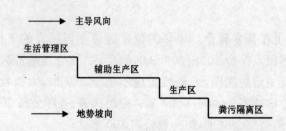

图1-1 按地势、风向的功能分区规划图

位于靠近场区大门内集中布置。生活管理区应该设在常年主导风向上风向、地势较高的地方。

（2）**辅助生产区** 主要是与生产功能联系较紧的设施，要紧靠生产区布置。主要包括供水、供电、供热、维修等设施，大型牛场可形成独立的区，一般牛场可将生活区、辅助生产区合并为场前区，二者没有明显界限。

（3）**生产区** 生产区是整个牛场的核心区域，主要布置不同类型的牛舍、饲料调配间、原料间、草料棚、青贮窖、酒糟池、装牛台等设施。如果自繁自养的牛场，牛舍主要有母牛舍、犊牛舍、青年牛舍、育成牛舍、育肥牛舍和产房等。

生产区与生活管理区、辅助生产区之间应设置围墙或绿化带，既起到绿化作用，又起到隔离作用。干草棚应处于场区下风向，与周围建筑物要保持50米左右的间距，注意防火安全。

牛舍应建在牛场中心。修建数栋牛舍时，应采取长轴平行放置，两牛舍间距10～15米，这样既便于饲养管理，又利于采光和防风。一般情况下，牛舍多采用南向，南方炎热地方尽量避开夏季的西晒，而寒冷地区或冬冷夏热的地方，要避免冬季的西北风。在实际生产中，南向牛舍可以适当偏东或偏西15°，以确保冬季获得更多的阳光和防止夏季太阳过分照射。

各类牛舍的建造应按下列顺序：犊牛舍建在牛场的上风区，

之后依次为青年牛舍、育成牛舍、母牛舍、产房、育肥牛舍。育肥牛舍离场门应较近,以便出场运输方便。

　　饲料饲草加工间及饲料库,要设在下风向,也可设在生产区外,自成体系。饲草饲料库应尽可能靠近饲料加工间,草垛与周围建筑场至少保持50米以上距离,要注意防火安全。

　　青贮窖应设在牛舍两侧或牛场附近便于运送和取用的地方,但必须防止舍内或运动场及其他地方的污水渗入。

　　(4)粪污隔离区　主要包括兽医室、畜尸解剖室及处理设施、贮粪池及粪污处理设施。该区位于全场区最低处、主导风的下风向,并应与生产区保持适当的卫生间距,且该区周围必须有绿化隔离带,有专门的道路与生产区相连。

(三)牛舍的建筑

　　1. 牛舍建筑造型　牛舍建筑分类方法主要有两种,一种是根据牛舍墙壁的封闭程度分为完全开放舍、半开放舍、封闭舍和塑料暖棚舍;另一种是根据牛舍屋顶造型可分为单坡式屋顶、双坡式屋顶、联合式屋顶、平顶式屋顶、拱形屋顶、钟楼式和半钟楼式屋顶以及通风屋顶等(图1-2)。

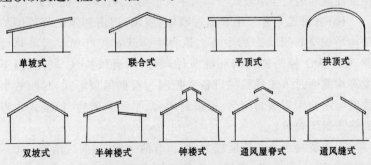

图1-2　不同屋顶形式的牛舍样式

(1)完全开放式牛舍 又称敞棚式、凉棚式或棚舍。牛舍四面无墙或只有端墙,起到遮阴和挡雨雪的作用。这种牛舍结构比较简单,主要优点是成本低、施工容易,但冬季保温能力较差,适合于南方和北方温暖地区。为了提高冬季的保温性能,可以在牛舍前后加设卷帘或塑料薄膜。根据牛舍屋顶形式,目前最常用的是双坡完全开放舍和拱顶完全开放舍。双坡完全开放舍的牛栏一般双列布置。

(2)半开放式牛舍 三面有墙、正面无墙或半截墙(常见于南面)。半开放舍的夏季通风较差,但冬季保温性能相对好些。该类牛舍冬季经常在敞开的一面附设塑料薄膜、阳光板或卷帘等设施,以加强保温性能。根据牛舍屋顶形式,半开放舍又可细分为单坡半开放舍和联合半开放舍等。

①单坡半开放舍 牛舍结构简单,投资少,屋顶只有一个南向坡,南墙高3米,北墙高2米。该结构牛舍采光好,适于单列牛舍,多见于小型肉牛场或个体养牛户。其缺点是土地利用率较低,冬季不利于保温,而炎热地区夏季的通风也较差。

②联合半开放舍 结构与单坡式基本相同,但在前缘增加一个短缘,起挡风避雨的作用,该种结构的牛舍采光比单坡式差,但保温性能远远高于单坡式。该类牛舍适用于跨度较小的单列牛舍。

(3)封闭式牛舍 牛舍通过墙体、屋顶、门窗和地面等外围护结构形成全封闭状态的牛舍。该类牛舍就有较好的保温隔热性能,便于人工控制舍内的环境条件,舍内的通风换气、采光、温湿度等均能通过人工或机械设备来控制。根据屋顶形式,封闭式牛舍又可细分为双坡封闭舍、拱顶封闭舍、平顶封闭舍、钟楼式和半钟楼式封闭舍等。

①双坡封闭舍 跨度较大,屋顶有两个坡向,前后墙高2.5~3米,脊高4.5~5米,该结构比较经济合理,利于保温和通风,适用于各种规模的牛舍。牛舍纵墙上窗户或洞口的设置直接影响

冬季的保温和夏季的散热功能。在寒冷的北方,一般采用自然通风,借助窗户或卷帘的开启,达到通风换气的目的,窗户或洞口的密闭性直接影响冬季的保温性能。而在炎热的夏季,这种结构的牛舍防暑效果较差,需辅助机械通风。

②钟楼式和半钟楼式封闭舍 钟楼式牛舍是在双坡式屋顶两侧设置贯通横轴的天窗,南北两侧屋顶的坡长和坡脚对称设置。该种结构屋顶夏季的防暑效果较好,适宜南方温暖地方。而半钟楼式屋顶在双坡屋顶南侧,设有与地面垂直的天窗。天窗可以用来进行通风和采光,这种牛舍北侧较热,适于温暖地区大跨度牛舍使用。

③平顶封闭舍 屋顶坡度小于10%的牛舍,前后墙高2.2～2.5米,夏季通风较差,可应用于寒冷地区。另外,该舍最大优点是可充分利用平顶屋顶。

此外,为了加强通风,可以在双坡屋顶开启一条30～60厘米的通风缝或通风屋脊(宽度为牛舍跨度的1/60),克服了双坡屋顶通风量不足的缺点,适于温暖、降雨量少的地区。

(4)塑料暖棚牛舍 塑料暖棚牛舍是北方常用的一种经济实用的单列或双列式半封闭牛舍。在北方寒冷的冬季、无霜期短的地区,可将半开放舍用塑料薄膜封闭敞开部分,利用太阳光和牛自身散发的热量提高舍温,实现暖棚养牛,塑料薄膜的扣棚面积为棚面积的1/3左右。该舍屋顶可分为双坡结构、联合结构和拱顶结构等。一般牛舍的朝向为坐北朝南、东西走向的塑料暖棚舍,在冬冷夏热地区,也可以采用南北走向,牛舍东、西两面夏季开敞,为防夏季西晒,西面可加设部分草苫,而冬季舍的东西两面塑料覆膜,效果很好。北方的塑料暖棚结构以联合式和半圆形拱式较多。

①联合式屋顶的塑料暖棚舍 该结构为双坡形,但南北坡不对称,北墙高于南墙。该种结构主要优点是扣棚面积小、光照充

足、保温性能好,易于推广使用。设计联合屋顶式塑料暖棚时,扣棚角度的设计较为重要,即暖棚棚面与地面的夹角,扣棚角度不合适,难以达到理想的保温效果。计算扣棚角度时,可以依据下面公式来计算:

扣棚角度＝90°－h(太阳高度角)

h＝90°－Φ＋δ

式中,Φ为当地地理纬度,δ为赤道纬度(冬至时,太阳直射南回归线,δ＝－23.5°;夏至时,太阳直射北回归线,δ＝23.5°;春分和秋分时,太阳直射赤道,δ＝0)。

例如,张家口市和承德市均位于北纬41°,则冬至时的太阳高度角 h＝90°－41°－23.5°＝25.5°,扣棚角度＝90°－25.5°＝64.5°;春分时的 h＝90°－41°＝49°,扣棚角度＝90°－49°＝41°。因此,在承德地区建联合式塑料暖棚牛舍时,扣棚角度为 41°～64.5°为宜,这样冬季会有更多的太阳光进入舍内。

②半圆拱式塑料暖棚舍 该结构为单列半开放舍,棚舍中梁高 2.5 米,前墙高 1.2 米,后墙高 1.8 米,前后跨度 5 米,后坡角度以 30°左右为宜。中梁和后墙之间用木椽等材料搭成屋面,中梁与前沿墙之间用竹片和塑料膜搭成拱形棚膜面。中梁距前沿墙 2米,距后墙 3 米。

③塑料暖棚舍的使用 首先确定适宜的扣棚时间,可根据无霜期的长短,北方寒冷地区扣棚时间为 11 月上旬至翌年 3 月中旬。扣棚时,塑料薄膜应绷紧拉实,四边封严,夜间和阴雪天塑料膜上要加设麻袋片、草苫或棉帘等材料,增加棚内的保温性能。

为了保证舍内的温湿度,每天定时通风,已经在棚顶设置通风窗或换气扇的塑料暖棚舍,每天可在早、中、晚适时开启,一般每天通风 2～3 次,每次 10～20 分钟。没有通风设施的牛舍,可以靠打开门帘进行部分通风,但通风效果较差。

2. 牛舍设计

(1) 平面布局　根据牛舍跨度和采食位的列数要求,可将肉牛舍分为单列式、双列式和多列式。根据饲养需要,肉牛舍又可分为拴系和散养。

①单列式牛舍　只有一列牛床,牛场前设置饲槽,牛床后设置清粪道,牛舍跨度一般为 6 米左右,高 2.2～2.8 米,适合于小规模牛舍。主要优点是建造容易,通风、采光较好,但牛占舍面积大,比双列式牛舍多 6%～10%。另外,该类牛舍散热面积较大,适合建半开放型牛舍。

②双列式拴系牛舍　两列牛床并列布置,跨度 10～12 米,高 2.5～3 米。根据牛采食时的相对位置,可分为对头式和对尾式。对头式由于饲喂方便,而且便于机械化饲喂,通常被采用。牛舍中间设一条纵向饲喂通道,两侧牛群对头采食,每侧牛床后边设置清粪道。如果牛舍长度较大,可增加横向通道,横向通道的宽度一般为 1.2 米,其平面布局见图 1-3。对尾式牛舍,舍中间设纵向的清粪通道,两侧为饲喂通道。

③多列式牛舍　也分对头式和对尾式,一般适于大型牛场。

④小群散养牛舍　舍内运动场和牛床合二为一的一种模式,饲养时间较长,用于生产高档牛肉,如大连雪龙黑牛的饲养时间为 28 个月。该模式采用小群舍内饲养,一般每栏饲养 10 头左右,占栏面积 4～5 米^2,地面铺设稻草、锯末等垫料,铺设厚度为 20 厘米,根据垫料的使用情况 1～2 个月可更换 1 次,以保证地面的干燥和清洁。该种模式的平面布局见图 1-4。

⑤带舍外运动场的牛舍　舍内平面、剖面设计和拴系牛舍基本相似,(可参照图 1-5)。运动场一般设在舍南北两侧,舍南北两侧的纵墙上设置通往运动场的大门,门宽度视牛群大小而定,牛可自由出入舍内和运动场。舍内设有长饲槽,饲喂在舍内进行,而运动场内设有饮水槽和补料槽,可供牛自由饮水。该类牛舍的

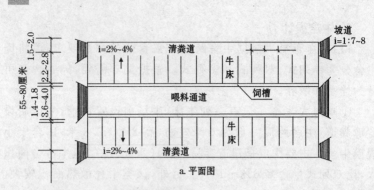

a. 平面图

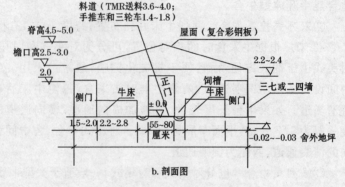

b. 剖面图

图 1-3 双列式牛舍的示意图 （单位：米）

平面布局见图 1-5。

　　⑥围栏育肥的模式　在北美、澳大利亚、欧洲等牛业发达国家大型育肥场有采用围栏育肥的模式，即用铁丝网、电围栏、栅栏等围成一定的面积，牛群散养，自由采食、自由饮水的一种育肥方式。由于不用建造牛舍，投资少，见效快，近年国内也相继出现了围栏育肥场。占地面积为 250 头/公顷，包含围栏、转牛通道和饲喂走道等，每栏 50～100 头，一般不超过 250 头，占栏面积为 10～25 米²/头（年降水量小于 500 毫米为 10～15 米²/头，500～700 毫米为 16～20 米²/头，大于 700 毫米为 21～25 米²/头）。围栏布局

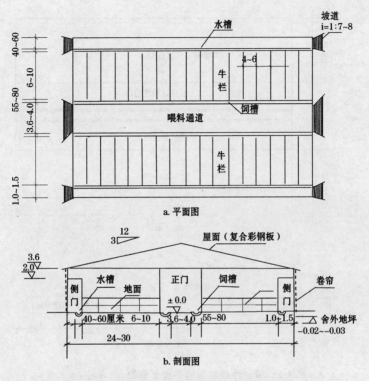

图1-4　小群散养牛舍的示意图　（单位：米）

可以是单列或双列。单列围栏一侧为饲喂走道，另一侧为排水沟。多数围栏育肥场采用双列布置，两列围栏共用一条饲喂走道，中间为排水沟，排水方向从中间饲喂走道至两侧的排水沟。精料库、干草棚等饲料加工区域尽量靠近饲养区，以便利运输，提高劳动效率（图1-6）。

（2）剖面设计

①牛床　牛舍地面要求具有坚实、易清洗消毒、保温和防滑等特点。通常将牛床地面分为实体地面和漏缝地板。肉牛舍实

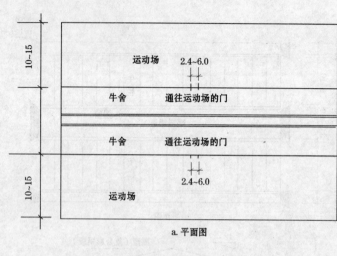

a. 平面图

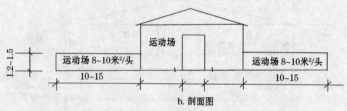

b. 剖面图

图 1-5　带舍外运动场的牛舍示意图　（单位：米）

体地面应用较多,一般采用混凝土或砖地面。混凝土地面结实,且容易清洗消毒,但没有砖地面保温性能好,混凝土地面主要由 3 层组成:底层用土夯实,中间一层为 300 毫米厚的粗沙卵石垫层或三合土垫层,表层为 100 毫米厚的混凝土,分段设伸缩缝。为了增加防滑效果,一般混凝土地面设计条形凹槽、六边形凹槽或正方形凹槽进行防滑处理(图 1-7)。牛床设计为砖地面时,主要有平砖和立砖两种设计方法,后者较为结实,但稍贵些,通常的设计是底层素土夯实,上面铺混凝土,最上层再铺砖,这样既结实又保温防潮。

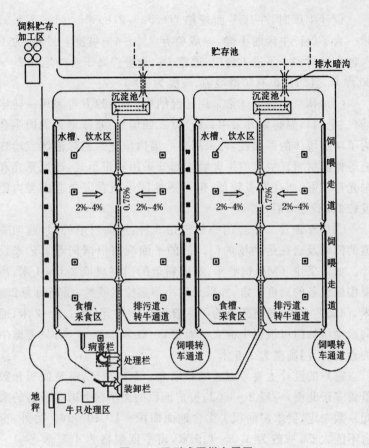

图 1-6 双列式围栏布置图

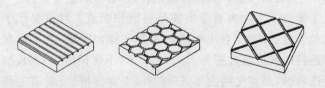

图 1-7 牛舍地面凹槽做法

设计牛床时,牛床平面规格为(2.2～2.8)米×(1.1～1.3)米。为了保证牛床的干燥,一般要有2%～4%坡度。另外,为了保证舍外雨雪水不进入舍内,通常舍内地坪应高于舍外地坪20～30厘米,且门口设有防滑坡道,坡度为1∶7～8。

②墙体　牛舍墙体常采用砖混结构,寒冷地方可采用一砖半墙(三七墙),温暖地方采用一砖墙(二四墙)。寒冷地方的肉牛舍为了增加墙体的保温性,可采用空心墙内填充聚乙烯泡沫或珍珠岩等保温材料。也有的牛舍墙体部分采用卷帘形式,通风采光和采光都较好,而且投资较低,但严寒地区采用卷帘会造成舍内温度较低,不宜采用。

③门窗设计　牛舍门一般包括3种:通向料道的门、通往粪道的门以及通往运动场的门。门的平面规格根据饲养工艺来设计。如果采用TMR饲喂车,通向料道的门宽应该3.6～4米,高度根据设备的高度来定;如果采用小型拖拉机喂料,门宽约为2.4米,门高2.4米;通向粪道的门一般为1.5～2米,高1.8～2米;通向运动场的门可根据牛群大小而定,一般为2.4～6米,只考虑牛的通过时,门高度为1.6米。

窗户的设计主要考虑通风和采光。寒冷地区,南窗面积和数量要多于北窗,一般2～4∶1;窗户面积的大小根据肉牛所需的采光系数来定,要求窗面积∶牛舍地面面积=1∶10～16。另外,窗台不能太低,一般为1.2～1.5米,窗平面规格为1.2米×(1～1.2)米,一般采用塑钢推拉窗或平开窗,也可用卷帘窗。

④通道　牛舍内通道主要是料道和粪道。料道要便于送料及人员通过,其宽度取决于送料工具和操作距离,人工推车和三轮车送料时料道宽分别为1.4～1.8米(不含饲槽),TMR饲料车直接送料时,其宽度则为3.6～4米(不含饲槽)。粪道主要是运送舍内产生的粪便通道,其宽度应根据清粪工艺的不同进行具体设计,主要取决于运粪工具。

⑤运动场 运动场是肉牛自由运动和休息的地方。运动场一般利用牛舍之间的空地,设在牛舍南侧,也可设在牛舍两侧。运动场面积根据牛的数量来定,一般 8～15 米^2。运动场要求干燥,中央稍高,四周设排水沟。运动场地面常采用土地面、三合土地面或砖地面。砖地面保温性能好,吸水性强,比较耐用,但易造成牛蹄损伤。三合土地面,即黄土:沙子:石灰比例为 5:3:2,按 2‰坡度铺垫夯实,这种地面软硬适度,吸热、散热较好,但不如砖地面结实耐用。土地面一般用黄土或沙子铺设,维护较困难。

运动场周围要设有围栏,防止肉牛跑出或混群。围栏要坚固,一般由横栏和栏柱组成,横栏高 1.2～1.5 米,栏柱间距 2～3 米。围栏门一般采用钢管平开门。目前,电子围栏也逐渐得到养牛者的认可。电围栏能产生高压电击,使动物惧怕并远离围栏,给牲畜形成心理屏障,达到圈养和防范的目的。但电击是高压瞬间电流,电流很小,因而对人、畜不会产生危害,而投资比金属围栏投资一般要低。

运动场内要设饮水槽,水槽周围铺设水泥地面防止泥泞。

凉棚一般建在运动场中间,常为四面敞开的棚舍建筑,建筑面积按每头牛 3～5 米^2 即可。凉棚高度以 3.5 米为宜,棚柱可采用钢管、水泥柱、水泥电杆等,顶棚支架可用角铁或木架等。棚顶面可用石棉瓦、油毡材料。凉棚一般采用东西走向。

三、养牛设备

(一)饲喂设备

1. 饲槽 饲槽要求坚固、光滑、清洁,常用高强度混凝土砌成。一般为固定饲槽,其长度与牛场宽度相同,饲槽上沿宽 55～80 厘米,底部宽 40～60 厘米,槽底为 U 形,在槽一端留有排水孔,高槽饲养时前沿高 60 厘米,后沿高 30 厘米。目前新建的规模化牛场为了节省劳动力并方便使用 TMR 设备,采用地面饲槽,一般在牛站立的地方和饲槽间要设挡料坎墙,其宽度为 10～12厘米。低槽结构及其规格见图 1-8。

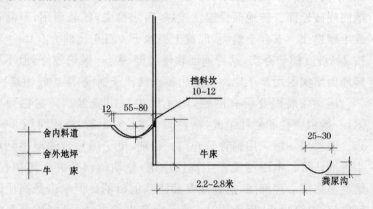

图 1-8　饲槽设计规格　(单位:厘米)

2. TMR 饲喂车　主要由自动抓取、自动称量、粉碎、搅拌、卸料和输送装置等组成。意大利龙尼法斯特和意大利司达特公司都是生产饲料搅拌喂料车专业公司,生产 40 多种规格和不同价位产品,其中有卧式全自动自走系列和立式全自动自走系列,可以自动抓取青贮、自动抓取草捆、自动抓取精料啤酒糟等,可以大量减少人工,简化饲料配制及饲喂过程,提高肉牛饲料转化率。

国内许多畜牧机械公司生产的移动式牛饲料搅拌喂料车和牵引式立式牛饲料搅拌喂料车,也可以满足不同肉牛养殖的需要。

(二)饮水和牛舍通风及防暑降温设备

1. 饮水设备　拴系饲养的育肥牛场,大部分水槽和饲槽共用一个,牛吃完料后给水,但难于保证每头牛都能喝上足够的水。散养的肉牛场,运动场和牛舍内要设饮水槽,一个水槽可以满足 10～30 头肉牛的饮水需要,肉牛饮水占用的空间与其采食位宽度相似,如果牛群大于 10 头,至少要设 2 个饮水槽。饮水槽宽 40～60 厘米,深 40 厘米,高不超过 70 厘米,槽内放水以 20 厘米左右为宜。水槽周围要设 3 米宽的水泥地面,以利于排水。

2. 牛舍通风及防暑降温设备　牛舍通风设备有电动风机和电风扇。轴流式风机是牛舍常见的通风换气设备,这种风机既可排风,又可送风,而且风量大。电风扇也常用于牛舍通风,一般以吊扇多见。

(三)粪便清除设备

牛场一般采用固液分离、干清粪的方法,尿液通过粪尿沟、沉淀池流入主干管道,最后汇入污水池进一步处理,而固体粪便则由清粪车清出舍外后进行发酵或沼气处理。

(四)饲料加工设备

1. 铡草机　铡草机主要用于秸秆和牧草类饲料的切短,也可用于铡短青贮料。铡草机按照型号可分为大、中、小型 3 种。按切割部分不同又可分为滚筒式和圆盘式。小型以滚筒式为多,用于切割稻草、麦秸、谷草类等,也可用来铡干草和青饲料,适于现铡现喂的应用方法。圆盘式铡草机适于大、中型牛场,可移动,为了方便抛送青贮饲料,一般采用此法。

2. 饲料粉碎机　饲料粉碎机主要用来粉碎各种粗、精饲料,通过调换筛片达到所需要的粒度。目前,国内生产的粉碎机类型主要有锤片式和齿爪式粉碎机。前者是一种利用高速旋转的锤片击碎饲料的机器,生产率较高,适应性广,既能粉碎谷物类精饲料,又能粉碎纤维含量高、水分较多的青草类、秸秆类饲料。后者是利用固定在轮子上的齿爪击碎精饲料,适于粉碎纤维含量少的精饲料。

3. 揉搓机　揉搓机是1989年问世的一种新型机械。它是介于铡切与粉碎两种加工方法之间的一种新方法。其工作原理是将秸秆送入料槽,在锤片及空气流的作用下,进入揉搓室,受到锤片、定刀、斜齿板及抛送叶片的综合作用,把物料切断,揉搓成丝状,经出料口送出机外。制造商有:北京嘉亮林海农牧机械有限责任公司、赤峰农机总厂、黑龙江安达市牧业机械厂等。

4. 小型饲料加工机组　主要由粉碎机、混合机和输送装置等组成。其特点是:①生产工艺流程简单,多采用主料先配合后粉碎再与副料混合的工艺流程;②多数用人工分批称量,只有少数机组采用容积式计量和电子秤重量计量配料,添加剂采用人工分批直接加入混合机;③绝大多数机组只能粉碎谷物类原料,只有少数机组可以加工秸秆料和饼类料;④机组占地面积小,对厂房要求不高,设备一般安置在平房建筑物内。小型饲料加工机组有时产0.1吨、0.3吨、0.5吨、1.0吨、1.5吨等类型,可根据需要选购。生产厂家有:江西红星机械厂、北方饲料粮油工程有限公司、河北亚达机械制造有限公司等。

5. 消毒设施　一般在牛场或生产区入口处设置车辆和人员的消毒池或消毒间。消毒池常用钢筋水泥浇筑,供车辆通行的消毒池平面规格为长4米×宽3米×深0.1米。供人员通行的消毒池规格为长2.5米×宽1.5米×深0.05米。消毒间一般设有紫外线和脚踏双重消毒设施,对来往的人员进行全面消毒。

6. 赶牛入圈和装卸牛的场地　运动场宽阔的散放式牛舍,人少赶牛很难,圈出一块场地用两层围栅围好,赶牛、圈牛就方便得多。使用卡车装运牛时需要装卸场地。在靠近卡车的一侧堆土坡便于往车上赶牛。运送牛多时,应制作一个高1.2米、长2米左右的围栅,把牛装入栅内向别处运送很方便,这种围栅亦可放在运动场出入口处,将一端封堵,将牛赶入其中即可捉住,这种形式适用于大规模饲养。

第二章 肉牛的主要品种

一、肉牛及兼用牛品种

(一)夏洛莱牛

1. 原产地 夏洛莱牛原产于法国中西部到东南部的夏洛莱省和涅夫勒地区,是举世闻名的大型肉牛品种。

2. 体型外貌 该牛最显著的特点是被毛为白色或乳白色,皮肤常有色斑;全身肌肉特别发达,骨骼结实,四肢强壮。夏洛莱牛头小而宽,角圆而较长,并向前方伸展,角质蜡黄、颈粗短、胸宽深,肋骨方圆,背宽肉厚,体躯呈圆筒状,肌肉丰满,后臀肌肉很发达,并向后和侧面突出。成年活重,公牛为 1 100～1 200 千克,母牛 700～800 千克。

3. 生产性能 夏洛莱牛在生产性能方面表现出的最显著特点是生长速度快,瘦肉产量高。在良好的饲养条件下,6 月龄公犊可达 250 千克,母犊 210 千克。日增重可达 1 400 克。该牛作为专门化大型肉用牛,产肉性能好,屠宰率一般为 60%～70%,胴体瘦肉率为 80%～85%。16 月龄的育肥母牛胴体重达 418 千克,屠宰率达 66.3%。夏洛莱母牛泌乳量较高,1 个泌乳期可产奶 2 000 千克,乳脂率为 4%～4.7%,但该牛纯种繁殖时难产率较高(13.7%)。

（二）利木赞牛

1. 原产地 利木赞牛原产于法国中部的利木赞高原,属于专门化的大型肉牛品种。

2. 体型外貌 牛毛色为红色或黄色,口、鼻、眼周围、四肢内侧及尾帚毛色较浅,角为白色,蹄为红褐色。头较短小,额宽,胸部宽深,体躯较长,后躯肌肉丰满,四肢粗短。平均成年公牛体重1 100 千克,母牛 600 千克;在法国较好饲养条件下,公牛活重可达 1 200～1 500 千克,母牛达 600～800 千克。

3. 生产性能 利木赞牛产肉性能高,胴体质量好,眼肌面积大、前、后肢肌肉丰满,出肉率高,在肉牛市场上很有竞争力。集约饲养条件下,犊牛断奶后生长很快,10 月龄体重即达 408 千克,周岁时体重可达 480 千克左右,哺乳期日增重为 0.86～1 千克;8月龄小牛就可生产出具有大理石花纹的牛肉。因此,是法国等一些欧洲国家生产牛肉的主要品种。

（三）西门塔尔牛

1. 原产地 西门塔尔牛原产于瑞士西部的阿尔卑斯山区,主要产地为西门塔尔平原和萨能平原。是世界著名的兼用牛品种。

2. 体型外貌 该牛毛色为黄白花或淡红白花,头、胸、腹下、四肢及尾帚多为白色。体型大,骨骼粗壮结实,体躯长,呈圆筒状,肌肉丰满。头较长,面宽;角较细而向外上方弯曲,尖端稍向上。颈长中等,前躯发育良好,胸深,背腰长平宽直,尻部长宽而平直。乳房发育中等,泌乳力强。

3. 生产性能 乳、肉用性能均较好,平均产奶量为 4 070 千克,乳脂率 3.9%。在欧洲良种登记牛中,年产奶 4 540 千克者约占 20%。该牛生长速度较快,平均日增重可达 1 千克以上,生长速度与其他大型肉用品种相近。胴体肉多,脂肪少而分布均匀,公牛育肥后屠宰率可达 65％左右。成年母牛难产率低,适应性强,耐粗放管理。成年公牛体重 1 000～1 300 千克,母牛 650～750 千克。适应性好,耐粗饲,性情温驯,适于放牧。

(四)安格斯牛

1. 原产地 原产于英国苏格兰北部的阿拉丁和安格斯地区,为古老的小型黑色肉牛品种,近几十年来,美国、加拿大等一些国家育成了红色安格斯牛。

2. 体型外貌 安格斯牛无角,体躯低矮,深宽结实,头小而方,四肢短而直,全身肌肉丰满,后躯发达,肌肉丰满;被毛为黑色,光泽性好。

3. 生产性能 成年公牛体重 700～900 千克,体高约 130 厘米;母牛体重 500～600 千克,体高约 119 厘米。屠宰率 60％～70％。该品种具有早熟、耐粗饲、放牧性能好、性情温驯的特点;难产率低,耐寒,适应性强。安格斯牛生长快,耐寒、耐粗饲,易育肥,肉牛中胴体品质好,肌肉大理石状花纹明显,是理想的母系品种。但母牛稍具神经质。

(五)日本和牛

1. 产地 日本和牛为原产于日本的土种牛。1912 年日本对和牛进行了有计划的杂交工作,并在 1944 年正式命名为黑色和牛、褐色和牛和无角和牛,作为日本国的培育品种。

2. 体型外貌 体型小,体躯紧凑,腿细,前躯发育好,后躯差,一般和牛分为褐色和牛和黑色和牛两种。但以黑色为主毛色,在乳房和腹壁有白斑。也有条纹及花斑的杂色牛只。母牛体高为115～118 厘米。

3. 生产性能 成年母牛体重约 620 千克、公牛约 950 千克，犊牛经 27 月龄育肥，体重达 700 千克以上，平均日增重 1.2 千克以上。日本和牛是当今世界公认的品质最优秀的良种肉牛，其肉大理石状花纹明显，又称"雪花肉"。由于日本和牛的肉多汁细嫩、肌肉脂肪中饱和脂肪酸含量很低，风味独特，肉用价值极高，在日本被视为"国宝"，在西欧市场也极其昂贵。褐色和牛在育肥 360 天、20 月龄时，体重 566 千克，胴体重 356 千克，屠宰率达 62.9%；26 月龄屠宰，育肥 514 天，体重 624 千克，胴体重 403 千克，屠宰率 64.7%。和牛晚熟，母牛 3 岁、公牛 4 岁才进行初次配种。

二、中国黄牛

(一)秦 川 牛

1. 原产地 秦川牛产于陕西省关中地区，以渭南、临潼、蒲城、富平、咸阳、兴平、乾县、礼泉、泾阳、武功、扶风、岐山等县（市）为主产区。属较大型役肉兼用牛种。

2. 体型外貌 体格较高大，骨骼粗壮，肌肉丰满，体质强健。头部方正，肩长而斜。中部宽深，肋长而开张。背腰平直宽长，长短适中，结合良好。荐骨部稍隆起，后躯发育稍差。四肢粗壮结实，两前肢相距较宽，蹄叉紧。公牛头较大，颈短粗，垂皮发达，鬐甲高而宽；母牛头清秀，颈厚薄适中，鬐甲低而窄。角短而钝，多向外下方或向后稍弯。公牛角长 14.8 厘米，母牛角长 10 厘米。毛色为紫红色、红色、黄色 3 种。鼻镜肉红色约占 63.8%，亦有黑色、灰色和黑斑点的，约占 32.2%。角呈肉色，蹄壳为黑红色。

3. 生产性能 在生产性能上经肥育的 18 月龄牛的平均屠宰率为 58.3%，净肉率为 50.5%。肉细嫩多汁，大理石状花纹明显。泌乳期为 7 个月，泌乳量 715.8±261.0 千克。公牛最大挽力为 475.9±106.7 千克,占体重的 71.7%。在繁殖性能上,秦川母牛常年发情。在中等饲养水平下,初情期为 9.3 月龄。秦川公牛一般 12 月龄性成熟,2 岁左右开始配种。秦川牛是优秀的地方良种,是理想的杂交配套品种。

(二)鲁 西 牛

1. 原产地　主要产于山东省西南部的菏泽和济宁两地区,属役肉兼用品种。

2. 体型外貌　在体型外貌上,鲁西牛体躯结构匀称,细致紧凑。公牛多为平角或龙门角,母牛以龙门角为主,垂皮发达。公牛肩峰高而宽厚。胸深而宽,后躯发育差,尻部肌肉不够丰满,体躯明显地呈前高后低体型。母牛鬐甲低平,后躯发育较好,背腰短而平直,尻部稍倾斜。筋腱明显。尾细而长,尾毛常扭成纺锤状。被毛从浅黄色至棕红色,以黄色为最多,一般前躯毛色较后躯深,公牛毛色较母牛的深。多数牛的眼圈、口轮、腹下和四肢内侧毛色浅淡,俗称"三粉特征"。鼻镜多为淡肉色,部分牛鼻镜有黑斑或黑点。角色蜡黄色或琥珀色。

3. 生产性能　据屠宰测定的结果,18 月龄的阉牛平均屠宰率 57.2%,净肉率为 49.0%,骨肉比 1∶6.0,脂肉比 1∶4.23,眼肌面积 89.1 厘米^2。成年牛平均屠宰率 58.1%,净肉率为 50.7%,骨肉比 1∶6.9,脂肉比 1∶37,眼肌面积 94.2 厘米^2。肌纤维细,肉质良好,脂肪分布均匀,大理石状花纹明显。母牛一般 10～12 月龄开始发情。

(三)南 阳 牛

1. 原产地　南阳牛产于河南省南阳市白河和唐河流域的平原地区,属较大型役肉兼用品种。

2. 体型外貌 体高大,肌肉较发达,结构紧凑,体质结实,皮薄毛细,鼻镜宽,口大方正。角形以萝卜角为主。鬐甲隆起,肩部宽厚。背腰平直,肋骨明显,荐尾略高,尾细长。四肢端正而较高,筋腱明显,蹄大坚实。公牛头部雄壮,额微凹,脸细长,颈短厚稍呈弓形,颈部皱褶多,前躯发达。毛色有黄色、红色、草白色3种,面部、腹下和四肢下部毛色浅。鼻镜多为肉红色,部分南阳牛是中国黄牛中体格最高的。

3. 生产性能 经强度肥育的阉牛体重达 510 千克时,屠宰率达 64.5%,净肉率 56.8%,眼肌面积 95.3 厘米^2。肉质细嫩,颜色鲜红,大理石状花纹明显。母牛常年发情,在中等饲养水平下,初情期在 8~12 月龄。初配年龄一般掌握在 2 岁。发情周期 17~25 天,平均 21 天。

(四)延边牛

1. 原产地 延边牛产于东北三省东部的狭长地区,是寒温带的优良品种,是东北地区优良地方牛种之一,属役肉兼用品种。

2. 体型外貌 延边牛胸部深宽,骨骼坚实,被毛长而密,皮厚而有弹力。公牛额宽,头方正,角基粗大,多向后方伸展,呈"一"字形或倒"八"字角,颈厚而隆起,肌肉发达。母牛头大小适中,角细而长,多为龙门角。毛色多呈浓淡不同的黄色,其中浓黄色约占 16.3%,黄色约占 74.8%,淡黄色约占 6.7%,其他色泽约占 2.2%。鼻镜一般呈淡褐色,带有黑点。

3. 生产性能 延边牛自 18 月龄育肥 6 个月,平均日增重为 813 克,胴体重 265.8 千克,屠宰率 57.7%,净肉率 47.23%,眼肌面积 75.8 厘米^2。在繁殖性能上,母牛初情期为 8~9 月龄,性成熟期平均为 13 月龄;公牛平均为 14 月龄。母牛终年发情,7~8 月份为旺季。常规初配时间为 20~24 月龄。延边牛耐寒,在一

26℃时牛才出现明显不安,但能保持正常食欲和反刍。

(五)晋 南 牛

1. 原产地 原产山西晋南地区。晋南牛是经过长期不断地人工选育而形成的地方良种,属役肉兼用品种。

2. 体型外貌 晋南牛的毛色为枣红色或红色。皮柔韧,厚薄适中,体格高大,骨骼结实,体型结构匀称,头宽中等长。母牛较清秀,面平。公牛额短而宽,鼻镜宽,鼻孔大。眼中等大,角形为顺风扎角,公牛较短粗,角根蜡黄色,角尖为枣红色或淡青色。母牛颈短而平直,公牛粗而微弓,鬐甲宽圆,蹄圆厚而大,蹄壁为深红色。公牛睾丸发育良好,母牛乳房附着良好、发育匀称。

3. 生产性能 晋南牛肌肉丰满,肉质细嫩,香味浓郁。成年牛在育肥条件下,日增重约851克(最高日增重可达1.13千克)。屠宰率为55%～60%,净肉率为45%～50%。成年母牛在一般饲养条件下,1个泌乳期产奶800千克左右。晋南牛母牛性成熟期为10～12月龄,初配年龄18～20月龄,繁殖年限12～15年。晋南牛具有适应性强、耐粗饲、抗病力强、耐热等优点。

三、我国培育的肉牛及兼用牛品种

(一)中国西门塔尔牛

1. 产地 我国自20世纪40年代开始引进西门塔尔牛,改良当地牛,逐渐组建核心群进行长期选育而成。根据培育地点的生态条件不同,分为平原、草原和山区3个类群。

2. 体型外貌 毛色为黄白花或红白花,但头、胸、腹下和尾帚多为白色。体型中等,蹄质坚实,乳房发育良好,耐粗饲,抗病力强。成年公牛活重 800～1 200 千克,母牛 600 千克左右。

3. 生产性能 据对 1 110 头核心群母牛统计,305 天产奶量达到 4 000 千克以上,乳脂率 4％以上,其中 408 头育种核心群产奶量达到 5 200 千克以上,乳脂率 4％以上。新疆呼图壁种牛场 118 头西门塔尔牛平均产奶量达到 6 300 千克,其中 900302 号母牛第二胎 305 天产奶量达到 11 740 千克。据 50 头育肥牛实验结果,18～22 月龄宰前活重 575.4 千克,屠宰率 60.9％,净肉率 49.5％。平均配种受胎率 92％,情期受胎率 51.4％,产犊间隔 407 天。

（二）夏 南 牛

1. 产地 夏南牛原产于河南省南阳市。是以法国夏洛莱牛为父本,以我国地方良种南阳牛为母本,经导入杂交、横交固定和自群繁育培育而成的肉牛新品种。

2. 体型外貌 毛色为黄色,以浅黄色、米黄色居多;公牛头方正,额平直,母牛头部清秀,额平稍长;公牛角呈锥状,水平向两侧延伸,母牛角细圆,致密光滑,稍向前倾;耳中等大小;颈粗壮、平直,肩峰不明显。成年牛结构匀称,体躯干呈长方形;胸深肋圆,背腰平直,尻部宽长,肉用特征明显;四肢粗壮,蹄质坚实,尾细长;母牛乳房发育良好。成年公牛平均体高 142.5 厘米,体重 850 千克;成年母牛平均体高 135.5 厘米,体重 600 千克左右。

3. 生产性能 体质健壮,性情温驯,适应性强,耐粗饲,采食速度快,易育肥;抗逆力强,耐寒冷,耐热性稍差,遗传性能稳定。夏南牛繁育性能良好。母牛初情期平均 432 天,初配时间平均 490 天,公犊初生重 38.52 千克、母犊初生重 37.90 千克。体重 350 千克的架子公牛经强化肥育 90 天,平均体重达 559.53 千克,平均日增重可达 1.85 千克。据屠宰实验,17～19 月龄的未肥育公牛屠宰率 60.13%,净肉率 48.84%。

(三)延黄牛

1. 产地 原产于吉林延边。以利木赞牛为父本,延边黄牛为母本,从 1979 年开始,经过杂交、正反回交和横交固定形成的含75%延边黄牛、25%利木赞牛血缘的稳定群体。

2. 体型外貌 延黄牛体质结实,骨骼坚实,体躯较长,颈肩结合良好,背腰平直,胸部宽深,后躯宽长而平,四肢端正,骨骼圆润,肌肉丰满,整体结构匀称,全身被毛为黄色或浅红色、长而密,皮厚而有弹力。公牛头短,额宽而平,角粗壮,多向后方伸展,呈"一"字形或倒"八"字角,公牛睾丸发育良好;母牛头清秀适中,角细而长,多为龙门角,母牛乳房发育良好。

3. 生产性能 延黄牛具有耐寒,耐粗饲,抗病力强,性情温驯,适应性强,生长速度快等特点,遗传性能稳定。成年公、母牛平均体重分别为 1 056.6 千克和 625.5 千克;体高分别为 156.2厘米和 136.3 厘米。母牛的初情期为 9 月龄,性成熟期母牛平均为 13 月龄,公牛平均为 14 月龄。犊牛初生体重,公牛为 30.9 千克,母牛为 28.9 千克。30 月龄公牛经舍饲短期育肥后,平均宰前活重 578.1 千克,胴体重 345.7 千克,屠宰率为 59.8%,净肉率为49.3%,日增重为 1.22 千克,眼肌面积 98.6 厘米^2。肉质细嫩多汁、鲜美适口、营养丰富,肌肉脂肪中油酸含量为 42.5%。

第三章 肉牛的繁育技术

一、母牛的发情及鉴定

(一)母牛的初情期、性成熟和体成熟

1. 初情期 母牛达到初情期的标志是初次发情。在初情期，母牛虽然开始出现发情征状，但这时的发情是不完全、不规则的，而且常不具备生育力。

2. 性成熟 母牛性成熟指的是有完整的发情表现，可排出能受精的卵子，形成了有规律的发情周期，具备了繁殖能力，叫作性成熟。

性成熟期的早晚与品种、性别、营养、管理水平、气候等遗传方面和环境方面的多种因素有关，一般母牛性成熟的年龄为 8～12 月龄。

3. 体成熟 性成熟的母牛虽然已经具有了繁殖后代的能力，但母牛的机体发育并未成熟，全身各器官系统尚处于幼稚状态，此时尚不能参加配种，承担繁殖后代的任务。体成熟是指母牛骨骼、肌肉和内脏各器官已基本发育完成，而且具备了成年时固有的形态和结构，此时配种最适宜。通常育成母牛的体成熟在 14 月龄以上，或达到成年母牛体重的 70% 为标准。

(二)母牛的发情

1. 发情季节 牛是常年、多周期发情动物,正常情况下,可以常年发情、配种。以放牧饲养为主的肉牛,特别是在北方,大多数母牛只在牧草繁茂时期(6~9月份)膘情恢复后集中出现发情。以均衡舍饲饲养条件为主的母牛,发情受季节的影响较小。

2. 发情周期 母牛到了初情期后,生殖器官及整个机体便发生一系列周期性的变化,这种变化周而复始,一直到性功能停止活动的年龄为止。这种周期性的性活动,称为发情周期。发情周期通常是指从一次发情的开始到下一次发情开始的间隔时间。母牛的发情周期平均为21天(18~24天)。发情周期受光照、温度、饲养管理等因素影响。根据生理变化特点,一般将发情周期分为发情前期、发情期、发情后期和休情期。

(1)发情前期 此时的母牛尚无性欲表现,卵巢上功能黄体已经退化,卵泡已开始发育,子宫腺体稍有生长,阴道分泌物逐渐增加,生殖器官开始充血,持续时间4~7天。

(2)发情期 发情持续时间平均18小时(6~36小时)。根据发情期不同时间的外部征状及性欲表现,又可分为发情初期、发情盛期和发情末期。

①发情初期 滤泡迅速发育,性激素含量增加,母牛表现兴奋不安,哞叫,食欲下降,放牧时尾随公牛,但不接受公牛爬跨。外阴肿胀,阴道壁潮红,有少量稀薄黏液分泌,子宫颈口开放。

②发情盛期 一侧卵巢增大,有突出于卵巢表现的滤泡,直径1厘米左右,触摸波动性较差。母牛接受爬跨,阴道黏液显著增多,稀薄透明,能拉成丝状。

③发情末期 滤泡增大至1厘米以上,滤泡壁变薄,触之波动性强。母牛由兴奋转为安静,不再接受爬跨。阴道黏液减少而

变黏稠。

(3)发情后期　此时母牛由性兴奋转入安静状态,发情征状开始消退。卵巢上的卵泡破裂,排出卵子,并形成黄体。子宫分泌出少而稠的黏液,子宫颈管道收缩。发情后期的持续时间为5～7天。

(4)休情期　为周期黄体功能时期,其特点是黄体逐渐萎缩,卵泡逐渐发育,从上一次发情周期过渡到下一次发情周期,母牛休情期的持续时间为6～14天。如果已妊娠,周期黄体转为妊娠黄体,直到妊娠结束前不再出现发情。

3. 发情表现

(1)接受其他母牛的爬跨　发情母牛在运动场或放牧时会接受其他母牛爬跨。在发情旺盛期,接受爬跨时会静立不动。

(2)行为变化　母牛发情时会出现眼睛充血,眼神锐利,常表现出兴奋不安,有时出现哞叫,还有的伴有食欲减退,排粪、排尿次数增多,泌乳牛会出现产奶量下降等变化。

(3)生殖道的变化　发情母牛外阴部充血、肿胀,子宫颈松弛、充血、颈口开放、分泌物增多,这些变化为受精及受精卵的发育做好了准备。

(4)卵巢的变化　在发情前2～3天,卵巢内的卵泡发育开始加快,逐渐地卵泡液不断增多,卵泡体积增大,卵泡壁变薄,最后成熟卵排出,排卵后逐渐形成黄体。

4. 发情鉴定　母牛发情鉴定的方法主要有外部观察法、试情法和直肠检查法。

(1)外部观察法　主要是根据母牛的精神状态、外阴部变化及阴门内流出的黏液性状来判断是否发情。

发情母牛站立不安、大声鸣叫、拱腰举尾、频繁排尿,相互舔嗅后躯和外阴部,食欲下降,反刍减少。发情母牛阴唇稍肿大、湿润,黏液流出量逐渐增多。发情早期黏液透明、不呈牵丝状。在运动场最易观察到母牛的发情表现,如母牛抬头远望、东游西走、嗅其他牛、后边也有牛跟随,这是刚刚发情。发情盛期时,母牛稳定站立并接受其他母牛的爬跨。只爬跨其他母牛,而不接受其他母牛爬跨的,不是发情母牛,应注意区别。发情盛期过后,发情母牛逃避爬跨,但追随的牛又舍不得离开,此时进入发情末期。在生产中应建立配种记录和发情预报制度,对预计要发情的母牛加强观察,每天观察2~3次。

(2)直肠检查法 根据母牛卵巢上卵泡的大小、质地、厚薄等来综合判断母牛是否发情。方法是将牛保定在六柱栏中,术者指甲剪短并磨光滑,戴上长臂形的塑料手套,用水或润滑剂涂抹手套。术者手指并拢呈锥状插入肛门,先将粪便掏净,再将手臂慢慢伸入直肠,可摸到坚硬索状的子宫颈及较软的子宫体、子宫角和角间沟,沿子宫角大弯至子宫角顶端外侧,即可摸到卵巢。牛的卵泡发育可分为4期。

第一期(卵泡出现期):卵泡直径0.5~0.7厘米,突出于卵巢表面,波动性不明显,此期内母牛开始发情,时间为6~12小时。

第二期(卵泡发育期):卵泡直径1~1.5厘米,呈小球状,明显突出于卵巢表面,弹性增强,波动明显。此期母牛外部发情表现为明显→强烈→减弱→消失过程,全期为10~12小时。

第三期(卵泡成熟期):卵泡大小不再增大,卵泡壁变薄,弹性增强,触摸时有一压即破之感,此期为6~8小时。此期外部发情表现完全消失。

第四期(排卵期):卵泡破裂排卵,卵泡壁变为松软皮样,触摸时有一小凹陷。

(3)试情法 利用切断输精管的或切除阴茎的公牛进行试情,效果较好。可将一半圆形的不锈钢打印装置(在其下端有一自由滚动的圆珠,其打印原理与圆珠笔写字同),固定在皮带上,然后牢牢戴在公牛下颚部,当公牛爬跨发情母牛时,可将墨汁印在发情母牛的身上,这种装置叫下腭球样打印装置。也可将试情公牛胸前涂以颜色或安装带有颜料的标记装置,放在母牛群中,凡经爬跨过的发情母牛,都可在尾部留下标记。为了减少公牛切除输精管等手术的麻烦,可选择特别爱爬跨的母牛代替公牛,效果更好,因为切除输精管的公牛仍能将阴茎插入母牛阴道,可交叉感染疾病。

二、配种技术

(一)自然交配

自然交配是公牛与母牛直接交配的方法。由于人工授精技术的普及和应用以及饲养种公牛成本较高,生产中不提倡自然交配。但如果母牛人工授精屡配不孕时,可以采用自然交配的方式来提高受胎率。

常用的自然交配有本交和人工辅助交配。

1. 本交 在20~40头母牛群中放入1头种公牛,任其自然交配。这种方式常用于粗放管理的草原或山区,是最省人力的一种方式。但公、母牛在组群前必须保证是没有患生殖道疾病的个体。配种季节结束后,将公牛隔离,单独喂养。这种方法虽然简单,花费人力少。但种公牛利用率和母牛的受胎率都很低,不利于防治传染病,不能根据人的意志进行牛种改良。

2. 人工辅助交配 在没有人工授精的条件下,配种站配备一定数量的公牛,为来站的母牛配种。其优点是可以控制种公牛的交配次数,增加每头种公牛的选配头数。可对预配母牛做生殖疾病治疗,登记繁殖性能和选配牛号。在人工辅助交配的情况下,应做好母牛的外阴部清洗和消毒,也要做好公牛阴茎和包皮的洗涤工作。配种后的母牛牵着运动几圈,并按其背部,以防精液外流或随尿一起排出;配种前 1～2 小时不可饮饲,配种后 1～1.5 小时不喂料。夏季上午 10 时以后,下午 4 时以前不可配种;人工辅助交配虽然比自然交配能提高种公牛的利用率和母牛的受胎率,但花费的人力较自然交配的多,且仍有传染疾病的机会。

(二)人工授精技术

人工授精是以人工的方法利用器械采集公牛的精液,经检查与处理后,再输入到母牛生殖道内,达到妊娠的目的,以此来代替自然交配的一种妊娠控制技术。

1. 人工授精的优点 人工授精可提高优良公牛的配种效率,有利于扩大公牛配种范围和与配母牛的头数。每年每头公牛自然交配时只能配 40～100 头母牛,而实行人工授精时则可达到6 000～12 000 头母牛。加速母牛育种工作进程和繁殖改良速度,加速高产、高效、优质养牛业的发展。减少种公牛饲养头数,降低饲养管理费用。不仅能减少某些疾病特别是性病的传播,还能及时发现繁殖疾病,采取相应措施及时进行治疗。

2. 授精前的准备

(1)检精室 室内陈设力求简单整洁,不得存放有刺激气味物品,禁止吸烟,保持清洁卫生,除操作人员外,其他人一律禁止入内。室温应保持 18℃～25℃。

(2)优质精液的采购 常用小型液氮罐(3 升)作为采购运输工具。外购肉牛精液要结合本场牛群育种改良计划有目的地选购,要选优秀高产且育种值高的种公牛,种公牛的外貌评分优秀,父母的表现优良,其精液的质量优良,解冻后活力镜检达 0.3 以上,即可作为选购目标。

(3)冷冻精液的保管 为了保证贮存于液氮罐中的冷冻精液品质,不致使精子活力下降,在贮存及取用时应做到以下几点。

①液氮罐要定期添加液氮,罐内盛装贮精袋(内装细管或颗粒)的提斗不得暴露在液氮面外。注意随时检查液氮存量,当液氮容量剩1/3时,需要添加。当发现液氮罐口有结霜现象,并且液氮的损耗量迅速增加时液氮罐已经损坏,要及时更换新液氮罐。

②从液氮罐取出精液时,提斗不得提出液氮罐口外,可将提斗置于罐颈下部,用长柄镊夹取精液,越快越好。

③液氮罐应定期清洗,一般每年1次。要将贮精提斗向另一超低温容器转移时,动作要快,贮精提斗在空气中暴露的时间不得超过5秒钟。

3. 人工授精的主要技术程序 目前,人工授精常用直肠把握输精法,也叫深部输精法。

(1)母牛的准备 拴系固定母牛头部或将母牛拴于保定栏内,将其阴门、会阴部先用清水洗,接着用2%来苏儿或1‰新洁尔灭溶液消毒外阴部及周围,然后用生理盐水或凉开水冲洗,最后用消毒抹布擦干。另一种方法是用酒精棉消毒阴门,待酒精挥发后再用卫生纸或毛巾擦干净。

(2)输精器材的准备 输精器械应清洗干净并消毒,消毒常用恒温(160℃~170℃)干燥箱。开腔器等金属用具可冲洗后浸入消毒液中消毒或使用前酒精火焰消毒。输精器每牛每次1支,不得重复使用。使用带塑料外套细管输精器输精时,塑料外套应保持清洁,不被细菌污染,仅限使用1次。

(3)精液的准备 解冻精液,并镜检精子活力。目前常用精液为细管型,可直接把细管放入40℃温水中进行解冻。解冻后应镜检精子活力,确认合格后方可置入输精管(枪)备用。精液解冻后应立即使用,不可久置。

(4)输精人员的准备 输精人员的指甲须剪短磨光,洗涤擦干,用75%酒精消毒,手臂也应消毒,并涂以稀释液或生理盐水作润滑剂。

（5）操作步骤 输精员一手五指合拢呈圆锥形，左右旋转，从肛门缓慢插入直肠，排净宿粪，寻找并把握住子宫颈口处，同时直肠内手臂稍向下压，阴门即可张开；另一手持输精器，把输精器尖端稍向上斜插入阴道4～5厘米处，再稍向下方缓慢推进，左、右手互相配合把输精器插入子宫颈，再徐徐越过子宫颈管中的皱褶轮，使输精管送至子宫颈深部2/3～3/4处，然后注入精液。输精完毕，稍按压母牛腰部，防止精液外流。在输精过程中如遇到阻力，不可将输精器硬推，可稍后退并转动输精器再缓慢前进。如遇有母牛努责时，一是助手用手掐母牛腰部，二是输精员可握着子宫颈向前推，以使阴道肌肉松弛，利于输精器插入。青年母牛子宫颈细小，离阴门较近；老龄母牛子宫颈粗大，子宫往往沉入腹腔，输精员应手握宫颈口处，以配合输精器插入。输精时要注意以下几点。

①输精部位 一般要求将输精管插入子宫颈深部输精，即在子宫颈的5～8厘米处。

②输精量与有效精子数 冷冻精液输精量只有0.25毫升，有效精子数为1 000万～2 000万个。

③输精时间 从行为上看，当发情母牛接受其他母牛爬跨而站立不动时，再向后推迟12～18小时配种效果较好；从流出黏液分析，当黏液由稀薄透明转为黏稠微浑浊状，用手可牵拉时，即可配种；最可靠的方法是通过直肠检查，在发情末期母牛拒绝爬跨，卵泡增大，直径在1.5厘米以上，波动明显，泡壁薄，此时适宜配种。

④输精次数 输精一般采用一次或两次复配法，如果能确定排卵时间，则可用一次配种法。

⑤输精完毕 将所用器械清洗消毒备用。

（三）适时配种

1. 育成牛最佳初配年龄的选择 一般情况下,育成母牛的体重要达到成年牛标准体重的 70% 以上时(本地牛达到 300 千克、杂交牛 350 千克以上),才能进行第一次配种。过早配种对育成母牛有不良影响,不仅会妨碍母牛身体的生长发育,造成母牛个体偏小,分娩时容易难产,而且还会使胎儿发育不良,甚至娩出死胎。

2. 母牛产后适宜配种时间的选择 母牛产后配种时间,关系到牛的经济利用性(产奶量和产犊数),因此产犊后应尽可能提早配种。

母牛产后一般在 30~72 天就会发情,产后第一次发情时期受个体牛子宫复原、品种、犊牛哺乳和母牛体况好坏等因素的影响,产犊前后饲养水平影响最大。为缩短产后第一次发情的间隔时间和发情周期时间,可采取加强饲养和早期断奶等措施,使母牛早发情、早配种。

母牛产后第一次配种时间在肉牛产后 60~90 天比较适宜,且受胎率最高,对少数体况良好、子宫复原早的母牛可在 40~60 天配种。若发现母牛产后超过 72 天仍不发情,应及时进行检查,以便尽早治疗。

3. 母牛情期适宜配种时间的选择 在母牛发情后适时配种,可以节省人力、物力和精液,并提高受胎率。保证母牛较高的受精率,首先应了解:①排卵时间,母牛一般发情结束后 5~15 小时排卵。②卵子保持受精能力的时间为排卵后 6~12 小时。③精子在母牛生殖道内保持受精能力的时间为 24~48 小时。

在生产中排卵时间的确定,完全依靠频繁的直检是有困难的,必须从外阴部肿胀度、阴道黏膜的变化、黏液量和质的变化、子宫颈开张的程度、是否接受公牛的爬跨、直肠检查卵巢卵泡的变化等方面综合分析,才能找出最适宜的输精时间。

有经验表明,在发情征状结束前 1 小时到结束 3 小时范围内输精,其受胎率最高可达 93.3%。由此可见输精的最适期只有 3～4 小时,因此要使受胎率高,必须使卵子和精子的新鲜度高,也就是说排卵后不久就使精子到达输卵管。以下几种情况之一应予以输精:①母牛由神态不安转向安定,发情表现开始减弱。②外阴部肿胀开始消失,子宫颈稍有收缩,黏膜由潮红变为粉红色或带有紫褐色。③黏液量少,呈浑浊状或透明,有絮状白块。④卵泡体积不再增大,皮变薄,有弹力,泡液波动明显。

在生产中,如果在一个发情期输精 1 次,一般在母牛拒绝爬跨后的 6～8 小时输精受胎率较高。如上午发现母牛接受爬跨安定不动,应于晚上或第二天清晨进行配种;如下午发现母牛接受爬跨,静立不动,应于第二天清晨或傍晚进行配种。

如果在一个发情期输精 2 次,可在母牛接受爬跨后 8～12 小时进行第一次输精,间隔 8～12 小时后再进行第二次输精。若上午发现母牛发情,则下午 4～5 时进行第一次输精,第二天上午进行第二次输精;若下午发现母牛发情,则在第二天上午 8 时左右进行第一次输精,下午进行第二次输精。一般年老体弱母牛或夏季炎热天气,因发情持续时间较短,配种时间要适当提早,所以常说"老配早,少配晚,不老不少配中间"就是这个道理。

三、母牛的妊娠与分娩

(一)妊娠与妊娠诊断

1. 妊娠 妊娠是指从受精卵沿着输卵管下行,经过卵裂、桑椹胚和囊胚、附植等阶段,形成新个体,即胎儿,胎儿发育成熟后与其附属膜共同排出前的整个过程。

2. 妊娠诊断 为了尽早地判断母牛的妊娠情况,应做好妊娠诊断工作,以做到防止母牛空怀、未孕牛及时配种和加强对妊娠母牛的饲养管理。妊娠诊断的方法主要包括以下几种。

(1)外部观察法 就是通过观察妊娠牛的外部表现来判断母牛是否妊娠。输精的母牛如果 20 天、40 天两个情期不返情,就可以初步认为已妊娠。另外,母牛妊娠后还表现为性情安静,食欲增加,膘情好转,被毛光亮。妊娠 5～6 个月以后,母牛腹围增大,右下腹部尤为明显,有时可见胎动。但这种观察都在妊娠中后期,不能做到早期妊娠诊断。

(2)直肠检查法 直肠检查指用手隔着直肠触摸妊娠子宫、卵巢、胎儿和胎膜的变化,并依此来判断母牛是否妊娠。此法安全、准确,是牛早期妊娠诊断最常用的方法之一。配种后 40～60 天诊断,准确率达 95%。检查的顺序依次为子宫颈、子宫体、子宫角、卵巢、子宫中动脉。

母牛妊娠 1 个月时,两侧子宫大小不一,孕侧子宫角稍有增粗,质地松软,稍有波动,用手握住孕角,轻轻滑动时可感到有胎囊。未孕侧子宫角收缩反应明显,有弹性。孕侧卵巢有较大的黄体突出于表面,卵巢体积增加。

母牛妊娠 2 个月时,孕角大小为空角的 1～2 倍,犹如长茄子状,触诊时感到波动明显,角间沟变得宽平,子宫向腹腔下垂,但可摸到整个子宫。

母牛妊娠 3 个月时,孕侧卵巢较大,有黄体;孕角明显增粗(周径为 10～12 厘米),波动明显,角间沟消失,子宫开始沉向腹腔,有时可摸到胎儿。

(3)超声波诊断法 将超声波通过专用仪器送入子宫内,使其产生特有的波形,也可通过仪器转变成音频信号,从而判断是否妊娠。此法一般多在配种后 1 个月应用,过早使用准确性较差。

（二）分　娩

妊娠期满,母牛把成熟的胎儿、胎衣及胎水排出体外。这个生理过程,即为母牛的分娩。

1. 孕牛预产期的推算　肉牛妊娠期一般为 280 天左右,误差 5～7 天为正常。肉牛生产上常按配种月份数减 3,配种日期数加 6 来算。若配种月份数小于 3,则直接加 9 即可算出。

例一:配种日期为 2014 年 8 月 20 号,则预产期为:预产月份为 8－3＝5;预产日期为 20＋6＝26,则该牛的预产期为 2015 年 5 月 26 日。

例二:配种日期为 2014 年 1 月 30 号,则预产期为:预产月份为 1＋9＝10;预产日期为 30＋6＝36,超过 30 天,应减去 30,余数为 6,预产月份应加 1。则该牛的预产期为 2014 年 11 月 6 日。

2. 分娩预兆　分娩前约半个月,乳房迅速发育膨大,腺体充实,乳头膨胀,至分娩前 1 周变为极度膨胀,个别牛在临产前数小时至 1 天左右,有初乳滴出。阴唇从分娩前约 1 周开始逐渐柔软、肿胀、增大,阴唇皮肤上的皱褶展平,皮肤稍变红;阴道黏膜潮红,黏液由浓厚黏稠变为稀薄滑润。子宫颈在分娩前 1～2 天开始肿大松软,黏液塞软化,流入阴道而排出阴门之外,呈半透明索状;骨盆韧带从分娩前 1～2 周即开始软化,至产前 12～36 小时,尾根两旁只能摸到松软组织,且荐骨两旁组织塌陷。母牛临产前活动困难,精神不安,时起时卧,尾高举,头向腹部回顾,频频排尿,食欲减少或停止。上述各种现象都是即将分娩的预兆,要全面观察综合分析才能做出正确判断。

3. 分娩过程

（1）开口期　指从子宫开始阵缩到子宫颈口充分开张为止,一般需 2～8 小时(范围为 0.5～24 小时)。特征是只有阵缩而不出现努责。初产牛表现不安,时起时卧,徘徊运动,尾根抬起,常作排尿姿势,食欲减退;经产牛一般比较安静,有时看不出有什么明显表现。

(2)胎儿产出期 从子宫颈充分开张至产出胎儿为止,一般持续3～4小时(范围0.5～6小时),初产牛一般持续时间较长。若是双胎,则两胎儿排出间隔时间一般为20～120分钟。进入该期,母牛通常侧卧,四肢伸直,强烈努责,羊膜绒毛膜形成囊状突出阴门外,该囊破裂后,排出淡白色或微带黄色的浓稠羊水。胎儿产出后,尿囊才开始破裂,流出黄褐色尿水。在羊膜破裂后,胎儿前肢和唇部逐渐露出并通过阴门。伴随产牛的不断阵缩和努责,整个胎儿顺产道滑下,脐带则自行断裂。产科临床上的难产即发生在产出期。难产常常由于临产母牛产道狭窄、分娩无力、胎儿过大,胎位、胎势、胎向异常等多种因素所造成。因此,牛场的畜牧兽医技术人员要及早做好接产、助产准备。

(3)胎衣排出期 此期特点是当胎儿产出后,母牛即安静下来,经子宫阵缩(有时还配合轻度努责)而使胎衣排出。从胎儿产出后到胎衣完全排出为止,一般需4～6小时(范围0.5～12小时)。若超过12小时,胎衣仍未排出,即为胎衣不下,需及时采取处理措施。

4. 接产 接产的目的在于对母牛和胎儿进行观察,并在必要时加以帮助,达到母仔安全。但应特别指出,接产工作一定要根据分娩的生理特点进行,不要过早过多地干预。

(1)接产前的准备

①产房 产房应当清洁、干燥,光线充足,通风良好,无贼风,墙壁及地面应便于消毒。在北方寒冷的冬季,应有相应取暖设施,以防犊牛冻伤。

②器械和药品的准备 在产房里,接产用药物(70%酒精、2%～5%碘酊、2%来苏儿、0.1%高锰酸钾溶液和催产药物等)应

准备齐全。产房里最好还备有一套常用的已经消毒的手术助产器械(剪刀、纱布、绷带、细布、麻绳和产科用具),以备急用。另外,还应准备毛巾、肥皂和温水。

③接产人员 接产人员应当受过接产训练,熟悉牛的分娩规律,严格遵守接产的操作规程及值班制度。分娩期尤其要固定专人,并加强夜间值班制度。

(2)接产步骤 为保证胎儿顺利产出及母仔安全,接产工作应在严格消毒的原则下进行。其步骤如下。

①清洗母牛的外阴部及其周围,并用消毒液(如1%煤酚皂溶液)擦洗。用绷带缠好尾根,拉向一侧系于颈部。在产出期开始时,接产人员穿好工作服及胶围裙、胶鞋,并消毒手臂准备做必要的检查。

②当胎膜露出至胎水排出前时,可将手臂伸入产道,进行临产检查,以确定胎向、胎位及胎势是否正常,以便对胎儿的反常做出早期矫正,避免难产的发生。如果胎儿正常,正生时,应三件(唇及二前蹄)俱全,可等候其自然排出。除检查胎儿外,还可检查母牛骨盆有无变形,阴门、阴道及子宫颈的松软扩张程度,以判断有无因产道反常而发生难产的可能。

③当胎儿唇部或头部露出阴门外时,如果上面覆盖有羊膜,可把它撕破,并把胎儿鼻孔内的黏液擦净,以利呼吸。但也不要过早撕破,以免胎水过早流失。

④注意观察努责及产出过程是否正常。如果母牛努责,阵缩无力,或其他原因(产道狭窄、胎儿过大等)造成产仔滞缓,应迅速拉出胎儿,以免胎儿因氧气供应受阻,反射性吸入羊水,引起异物性肺炎或窒息。在拉胎儿时,可用产科绳缚住胎儿两前肢球节或两后肢系部(倒生)交于助手拉住,同时用手握住胎儿下颌(正生),随着母牛的努责,左右交替用力,顺着骨盆轴的方向慢慢拉出胎儿。在胎儿头部通过阴门时,要注意用手捂住阴唇,以防阴

门上角或会阴撑破。在胎儿骨盆部通过阴门后,要放慢拉出速度,防止子宫脱出。

⑤胎儿产出后,应立即将其口鼻内的羊水擦干,并观察呼吸是否正常。身体上的羊水可让母牛舔干,这样一方面母牛可因吃入羊水(内含催产素)而使子宫收缩加强,利于胎衣排出,另外还可增强母仔关系。

⑥胎儿产出后,如脐带还未断,用消毒剪刀在距腹部6～8厘米处剪断脐带,将脐带中的血液和黏液挤净,用5%～10%碘酊浸泡2～3分钟即可,切记不要将药液灌入脐带内,以免因脐孔周围组织充血、肿胀而继发脐炎。断脐不要结扎,以自然脱落为好。

⑦犊牛产出后不久即试图站立,但最初一般是站不起来的,应加以扶助,以防摔伤。

⑧对母牛和新生犊牛注射破伤风抗毒素,以防感染破伤风。

5. 难产的助产和预防 在难产的情况下助产时,必须遵守一定的操作原则,即助产时除挽救母牛和胎儿外,还要注意保持母牛的繁殖力,防止产道的损伤和感染。为便于矫正和拉出胎儿,特别是当产道干燥时,应向产道内灌注大量滑润剂。为了便于矫正胎儿异常姿势,应尽量将胎儿推回子宫内,否则产道空间有限不易操作,要力求在母牛阵缩间歇期将胎儿推回子宫内。拉出胎儿时,应随母牛努责而用力。

难产极易引起犊牛的死亡并严重危害母牛的生命和繁殖力。因此,难产的预防是十分必要的。首先,在配种管理上,不要让母牛过早配种,由于青年母牛仍在发育,分娩时常因骨盆狭窄导致难产。其次,注意母牛妊娠期间的合理饲养,防止母牛过肥、胎儿过大造成难产。另外,要安排适当的运动,这样不但可以提高营养物质的利用率,使胎儿正常发育,还可提高母牛全身和子宫的紧张性,使分娩时增强胎儿活力和子宫收缩力,并有利于胎儿转变为正常分娩胎位、胎势,以减少难产及胎衣不下、产后子宫复原不全等的发生。此外,在临产前及时对妊娠母牛进行检查、矫正胎位也是减少难产发生的有效措施。

四、提高母牛繁殖力技术

(一)母牛繁殖力的概念

母牛的繁殖力主要是生育后代的能力和哺育后代的能力,它与性成熟的迟早、发情周期正常与否、发情表现、排卵多少、卵子受精能力、妊娠、泌乳量高低等有密切关系。

(二)衡量母牛繁殖力的主要指标

1. 受配率 一般要求受配率在 80% 以上。

$$受配率(\%)=\frac{受配母牛数}{可繁母牛数}\times100$$

2. 情期受胎率 正常情期受胎率为 54%~55%。

$$情期受胎率(\%)=\frac{妊娠母牛头数}{配种情期数}\times100$$

3. 总受胎率 正常总受胎率为 95% 以上。

$$总受胎率(\%)=\frac{妊娠母牛总数}{配种母牛总数}\times100$$

4. 产犊间隔 指母牛相邻两次产犊间隔的天数,又称胎间距。正常产犊间隔在 13 个月以下。

5. 情期配种指数 指每次妊娠所需配种的情期数。

$$配种指数=\frac{配种情期数}{妊娠头数}$$

6. 受胎配种指数 指每次妊娠的配种（输精）次数。正常情况下应低于 1.6 次。

$$受胎配种指数 = \frac{总配种（输精）次数}{妊娠母牛头数}$$

7. 产后空怀天数 分娩后到下次受胎前的天数。正常为 60～90 天。

8. 繁殖率

$$繁殖率（\%） = \frac{实产活犊数}{配种母牛数} \times 100$$

9. 繁殖成活率

$$繁殖成活率（\%） = \frac{断奶时存活犊牛数}{配种母牛数} \times 100$$

（三）提高肉牛繁殖力的措施

提高肉牛繁殖力的措施必须从提高公牛和母牛繁殖力两方面着手，充分利用繁殖新技术，挖掘优良公、母牛的繁殖潜力。

1. 保证肉牛正常的繁殖功能

(1) 加强种牛的选育 繁殖力受遗传因素影响很大，不同品种和个体的繁殖性能也有差异。尤其是种公牛，其精液品质和受精能力与其遗传性能密切相关，而精液品质和受精能力往往是影响卵子受精、胚胎发育和幼犊生长的决定因素，其品质对后代群体的影响更大，因此选择好种公牛是提高家畜繁殖率的前提。母牛的排卵率和胚胎存活力与品种有关。

(2) 及时淘汰有遗传缺陷的种牛 每年要做好牛群整顿工作，应有计划地定期清理淘汰失去繁殖能力的母牛。异性孪生的母犊中约有 95% 无生殖能力，公犊中约有 10% 不育，及时淘汰遗传缺陷牛,可以减少不孕牛的饲养数,提高牛群的繁殖率。公牛隐睾、公母牛染色体畸变,都影响繁殖力。某些屡配不孕的、习惯性流产和胚胎死亡及初生犊牛活力降低等生殖疾病等母牛要及时淘汰。

(3)科学的饲养管理 加强种牛的饲养管理,是保证种牛正常繁殖功能的物质基础。

①确保营养均衡,防止饲草饲料中有毒有害物质中毒 营养对母牛的发情、配种、受胎以及犊牛的成活起决定性的作用。使用全价配合饲料,保证维持生长和繁殖的营养平衡,从而保持良好的膘情和性欲。营养缺乏会使母牛瘦弱,内分泌活动受到影响,性腺功能减退,生殖功能紊乱,常出现不发情、安静发情、发情不排卵等现象。种公牛表现精液品质差,性欲下降等。

饲料生产过程中的农药污染,加工和贮存过程中的霉变,对精子生成、卵子和胚胎发育均有影响。因此,在饲养过程中应尽量避免。

②狠抓妊娠牛的保胎工作,做到全活 加强犊牛培育工作,做到全活。

③创造理想的环境条件 环境因子如季节、温度、湿度和日照,都会影响繁殖。无论过高过低的温度,都可降低繁殖效率。在我国多数地区夏季炎热,冬季又较寒冷,所以牛的繁殖率最低。春、秋两季温度适宜,繁殖率最高,冬季发情和受胎率低的原因是日照短和粗料中维生素含量低。夏季高温会缩短发情持续期并减少发情表现。高温还会明显增加胚胎的死亡率。为了达到最大的繁殖效率,必须具备最理想的环境条件,如凉爽的气候、适宜的湿度、长的日照和丰富的营养。

2. 加强繁殖管理

(1)做好发情鉴定和适时配种 发情鉴定的目的,是掌握最适宜的配种时机,以便获得最好的受胎效果。对牛来说,配种前除做表观行为观察和黏液鉴定外,还应进行直肠检查即通过直肠触摸卵巢上的卵泡发育情况,以便根据卵泡发育情况适时输精,此法是目前准确性最高的方法。在人工输精过程中一定要遵守操作规程。

(2)进行早期妊娠诊断,防止失配空怀　为了及时掌握母牛输精后妊娠与否,需进行定期妊娠检查,对提高牛群繁殖率,减少空怀具有极为重要的意义。通过早期妊娠诊断,能够及早确定母牛是否妊娠,做到区别对待。

(3)预防和治疗屡配不孕　引起母牛屡配不孕的因素很多,其中最主要的因素是子宫内膜炎和异常排卵。而胎盘滞留是引起子宫内膜炎的主要原因。因此,从肉牛分娩开始,重视产科疾病和生殖道疾病的预防,对于提高情期受胎率具有重要意义。

(4)降低胚胎死亡率　牛的胚胎死亡率是相当高的,最高可达40%～60%,一般可达10%～30%。胚胎在附植前容易发生死亡,造成胚胎死亡的因素是多方面的。

①营养及管理失调　一般营养缺乏及某些微量元素不足,缺少维生素,特别是维生素A不足表现得明显,母牛缺乏运动,也会使胚胎死亡数增多;另外,饲料中毒、农药中毒以及妊娠母牛患病,都可造成胚胎死亡。

②生殖细胞老化　精子和卵子任何一方在衰老时结合都容易造成胚胎死亡。老龄公母牛交配、近亲繁殖等都会使胚胎生活力下降,也能导致胚胎死亡率增加。

③在妊娠过程中子宫感染疾病　如子宫感染大肠杆菌、链球菌、结核菌、溶血性葡萄球菌等都会引起子宫内膜炎,从而引起胚胎死亡。

(5)控制繁殖疾病　预防和治疗公牛繁殖疾病,提高公牛的交配能力和精液品质,从而提高母牛的配种受胎率和繁殖率。

母牛的繁殖疾病主要有卵巢疾病、生殖道疾病、产科疾病3

大类。卵巢疾病主要通过影响发情排卵而影响受配率和配种受胎率；生殖道疾病主要影响胚胎的发育与成活，其中一些还可引起卵巢疾病；产科疾病可诱发生殖道疾病和卵巢疾病，甚至引起母体和胎犊死亡。因此，控制母牛的繁殖疾病对提高繁殖力十分有益。

3. 推广应用繁殖新技术　提高母牛繁殖利用率的新技术主要有超数排卵和胚胎移植、胚胎分割技术、卵母细胞体外培养和体外成熟技术。这些技术已经在一定范围内得到应用。由于应用这些新技术的成本较高，所以一般用在良种的培育和引进新品种，这样可以提高优秀种母牛的繁殖效率，取得更可观的经济效益。

五、提高我国黄牛生产性能的杂交改良措施

我国黄牛具有耐粗饲、抗病力强、适应性好、遗传性稳定、肉质好等优良特性，但也存在体型小、生产性能低等不足。对黄牛的改良重点是加大体型、体重，提高生产性能，逐步向肉用或肉乳、乳肉兼用方向发展。

杂交是指 2 个或 2 个以上的品种、品系或种间的公、母牛之间的相互交配，所生后代称为杂种。杂种较其双亲往往具有生命力强、生长迅速、饲料报酬高等特点，这就是我们常说的"杂种优势"，用肉用性能好、适应性强的品种，对肉用性能较差的品种进行杂交，以期提高杂种后代的产肉性能和饲养效率。

（一）杂交改良的目的和优点

杂交改良的目的就是为了提高肉牛的生产能力和经济效益。因目前我国没有当家的肉用品种，要大量地引进外来肉用品种牛

是不现实的，一方面是资金问题，另一方面是引进的肉用品种与我国的气候和饲料资源特点不相符。我国人多地少，粮食较紧张，因此合理地利用我国现有牛种，用杂交改良的方法生产优质杂交牛育肥，提高以增重速度和牛肉品质为主的肉用性能。一般来说，我国黄牛杂交改良后具有如下优点：

1. 体型增大　我国大部分黄牛体型偏小，特别是南方黄牛品种，并且后躯发育较差，不利于产肉。经过改良，杂种牛的体型一般比本地黄牛增大 30％左右，体躯增长，胸部宽深，后躯较丰满，尻部宽平，后躯尖斜的缺点能基本得到改进。

2. 生长快　本地黄牛生长速度慢，经过杂交改良，其杂种后代作为肉用牛饲养，提高了生长速度。据山东省的资料，在饲养条件优越的平原地区，本地公牛周岁体重仅有 200～250 千克，而杂交后代（利木赞或西门塔尔杂种）的周岁体重可达到 300～350 千克，体重提高了 40％～45％。

3. 出肉率高　经过育肥的杂交牛，屠宰率一般能达到 55％，一些牛甚至接近 60％，比黄牛提高了 3％～8％，能多产肉 10％～15％。苏联曾采用 100 多个品种进行杂交试验，也证明了品种间杂交使杂种牛生长快、屠宰率高，比原来的纯种牛可多产牛肉 10％～15％。

4. 经济效益好　杂种牛生长快，出栏上市早，同样条件下杂种牛的出栏时间比本地牛几乎缩短了一半。另外，杂种牛成年体重大，能达到外贸出口标准；杂种牛高档牛肉产量高，从而使经济效益提高。

5. 提高肉的品质　有目的地选择牛肉品质好的公牛（如安格斯、和牛），进行有目的的杂交，可以得到优质雪花高档牛肉。

（二）肉牛杂交改良的方法

在肉牛生产及育肥中，常用的杂交方法主要有以下几种：

1. 经济杂交 也称简单杂交,就是用 2 个不同品种的公、母牛杂交,所生杂一代牛全部用于育肥(图 3-1)。在生产中常见的两品种杂交类型有 3 种。

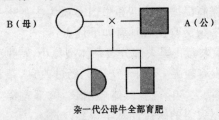

杂一代公母牛全部育肥

图 3-1 经济杂交示意图

(1)**肉用或兼用品种与本地黄牛杂交** 如用夏洛莱或西门塔尔牛作为杂交父本。所生杂交一代生长快,成熟早,体重大,育肥性能好,适应性强,饲料利用能力强,对饲养管理条件要求较低。杂交公牛和不留作种用的杂交母牛皆可育肥利用。生产中广泛利用这种杂交方法,以提高经济效益。

(2)**肉用品种与乳用品种杂交** 这种杂交方式使乳用牛生产与肉用牛生产结合起来。可以选用低产奶牛与肉用公牛杂交,所生杂交后代,断奶后育肥,利用其杂交优势提高生长速度、饲料报酬和牛肉品质;也可以对有一定数量的奶牛牛群,分期按比例地用肉乳兼用品种牛公牛配种,所生杂交后代,公牛用作育肥,母牛用作乳用后备牛,做到乳肉并重。

(3)**肉用公牛与乳用母牛杂交** 这种方式在奶牛业发达的国家广泛采用。如波兰将 30%、保加利亚将 12%的奶牛与肉牛杂交,后代平均产肉性能提高 6%~10%;美国的牛肉有 30%来自奶牛杂交牛;欧洲共同体国家的牛肉 45%来自奶牛群。

2. 轮回杂交 是用 2 个或 2 个以上的品种公牛,先用其中一个品种的公牛与本地母牛杂交,其杂种后代的母牛再与另一品种的公牛交配,以后继续交替使用与杂种母牛无亲缘关系的 2 个品种的公牛交配。3 个品种以上的轮回杂交模式相同(图 3-2)。轮回杂交的优点是:一方面利用了各世代的优良杂种母牛,并能在一定程度上保持和延续杂种优势。据研究,2 个品种和 3 个品种轮回杂交,可分别使犊牛活重增加 15％和 19％。轮回杂交比一般的经济杂交更经济,因为这种杂交方式只在开始时繁殖一个纯种母牛群,以后除配备几个品种少数公牛外,只养杂种母牛群即可。轮回杂交与一般经济杂交的不同点是,各轮回品种在每个世代中都保持一定的遗传比例。

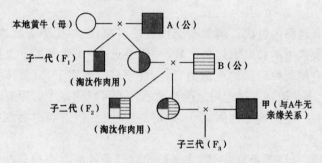

图 3-2 两品种轮回杂交示意图

3. 级进杂交 即利用同一优良品种的公牛与生产性能低的品种一代一代地交配。这是用高产品种改良低产品种最常用的方法,杂一代可得到最大改良(图 3-3)。级进杂交应当注意的问题:

第一,引入品种的选择,除了考虑生产性能高、能满足畜牧业发展需要外,还要特别注意其对当地气候、饲管条件的适应性。因为随着级进代数的提高,外来品种基因因成分不断增加,适应性的问题会越来越突出。

第二,级进到几代好,没有固定的模式。总的来说,要克服代

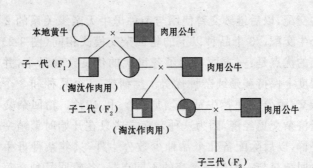

本地黄牛 ○ — × — ■ 肉用公牛

子一代（F₁） □ ○ — × — ■ 肉用公牛
（淘汰作肉用）

子二代（F₂） ■ ○ — × — ■ 肉用公牛
（淘汰作肉用）

子三代（F₃）

图3-3 级进杂交示意图

数越高越好的想法。随着杂交代数的增加，杂种优势逐代减弱，因此实践中不必追求过多代数，一般级进2～3代即可。过高代数还会使杂种后代的生活力、适应性下降。事实上，只要体型外貌、生产性能基本接近用来改造的品种就可以固定了。原有品种应当有一定比例的基因成分，这对适应性、抗病力和耐粗性有好处。

第三，级进杂交中，要注意饲养管理条件的改善和选种选配的加强。随着杂交代数增加，生产性能不断提高，一般要求饲养管理水平也有相应提高。

在黄牛向乳用方向改良的过程中，不少地方用级进杂交，已获得了许多成功的经验。级进杂交是提高本地黄牛生产力的一种最普遍、最有效的方法。

4.“终端”公牛杂交体系 这种方式涉及3个品种，即用B品种公牛与A品种母牛交配，杂一代母牛（BA）再用C品种公牛配种，所生杂二代（ABC）全部用于育肥。这种终止于第三个品种公牛的杂交方式就称“终端”公牛杂交方法，可使各品种的优点互补而获得较高的生产性能（图3-4）。其特点是：终端群不留种，其繁殖母牛靠前两群供给成年母牛；基础母牛群能专门向母性方向选种;可与两品种交叉杂交配套,世代间隔缩短,有利于加速改良进度;能得到最大限度的犊牛优势和 67% 的母牛优势。

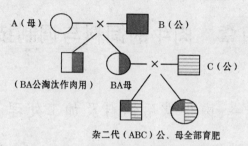

图 3-4　"终端"公牛杂交示意图

5. 轮回—"终端"公牛杂交体系　这是轮回杂交和"终端"公牛杂交的结合,即在 2 个品种或 3 个品种轮回杂交的后代母牛中保留 45% 继续轮回杂交,作为更新母牛群之需;另 55% 的母牛用生长快、肉质好的品种公牛("终端"公牛)配种,后代用于育肥,以期达到减少饲料消耗、生产更多牛肉的效果。据试验,2 个品种和 3 个品种轮回的"终端"公牛杂交方法可分别使所生犊牛的平均体重增加 21% 和 24%。

6. 育成杂交　是用 2~3 个以上的品种杂交来培育新品种的一种方法,可使亲本的优良性状结合在后代身上,产生原品种所没有的优良品质。在杂种牛符合育种目标时,就选择其中的优秀公、母牛进行自群繁育,横交固定而育成新品种。例如,我国的草原红牛,就是以短角牛级进杂交蒙古牛至 3 代,将理想的三代公、母牛横交,使其优良性能稳定而育成的。

第四章　肉牛的饲料与调制技术

一、肉牛常用饲料及加工处理

饲料成本占养牛成本的70％左右，只有了解肉牛各种饲料的特性及加工技术，才能合理利用饲草、饲料资源降低饲养成本，提高生产性能，增加养牛的经济效益。在我国养牛生产中，习惯将牛饲料分为粗饲料、精饲料、矿物质饲料和添加剂饲料。

（一）粗饲料及加工调制

凡天然含水量低于45％，干物质中粗纤维含量在18％以上的饲料称之为粗饲料。粗饲料主要指青绿饲料、干草、秸秆、秕壳以及用其制作的青贮等。糟渣类饲料常被称为副料，包括酒糟、粉渣、豆腐渣、玉米淀粉渣等。粗饲料的特点是体积大，食后有饱感，但营养价值低，在肉牛日粮中所占比重大，通常作为肉牛的基础饲料。

1. 青绿多汁饲料及加工调制　青绿多汁饲料是指天然含水量高于60％的饲料。主要包括天然牧草、栽培牧草、青饲作物、叶菜类作物、块根块茎类作物等。其主要特点是水分含量高，而养分浓度低；无氮浸出物含量高，而粗纤维含量低；蛋白质品质好，营养价值高；富含各种维生素，特别是胡萝卜素含量极为丰富；钙、磷比例适当，且微量元素含量较高。总之，青绿饲料柔软多汁，营养丰富，适口性好，还具有轻泻、保健作用，是肉牛饲料的重要来源,也是一种营养相对平衡的饲料。

为了保证青绿饲料的营养价值,适时收割非常重要,一般禾本科牧草在孕穗期刈割,豆科牧草在初花期刈割。

铡短和切碎是青绿饲料最简单的加工方法,不仅便于牛咀嚼、吞咽,还能减少饲料的浪费。一般青饲料可以铡成3~5厘米长的短草,块根块茎类饲料以加工成小块或薄片为好,以免发生食管梗塞,还可缩短牛的采食时间。有的树叶含有单宁或其他气味,必须进行制作青贮后再喂。水生饲料在饲喂时,要洗净并晾干表面的水分后再喂。叶菜类饲料中含有硝酸盐,在堆贮或蒸煮过程中被还原为亚硝酸盐,易引起牛中毒,故饲喂量不宜过多。幼嫩的高粱苗、亚麻叶等含有氰苷,在瘤胃中可生成氢氰酸,引起中毒,喂前需晾晒或青贮可预防中毒。幼嫩的牧草或苜蓿应少喂,以防瘤胃臌气病的发生。

2. 干草加工调制 鲜草经过一定时间的晾晒或人工干燥,水分达到18%以下时,称之为干草。这些干草在干燥后仍保持一定的青绿颜色,因此也称青干草。青饲料调制成干草后,除维生素D有所增加外,其他营养物质均有不同程度的损失,但仍是肉牛最基本、最主要的饲料,特别是优质干草各种养分比较平衡,含有肉牛所必需的营养物质,是磷、钙、维生素D的重要来源。优质干草所含的蛋白质(7%~14%)高于禾本科子实饲料。

(1)适时收割 同一种牧草,在不同的时间收割,其品质具有很大差异。豆科牧草最适收割期为现蕾盛期至始花期。而禾本科在抽穗——开花期刈割较为适宜。对于多年生牧草秋季最后1次刈割应在停止生产前30天为宜。

(2)调制方法

①自然干燥法 自然干燥法即完全依靠日光和风力的作用使牧草水分迅速降至17%左右的调制方法。这种方法简便、经济,但受天气的影响较大,营养物质损失相对于人工干燥来说也

比较多。自然干燥又分以下 3 形式。

地面干燥：地面干燥是在牧草刈割后平铺地面就地干燥 4～6 小时,使其含水量降至 40%～50%时,再堆成小草堆,高度 30 厘米左右,重量 30～50 千克,任其在小堆内逐渐风干。注意草堆要疏松,以利通风。此法又称小草堆干燥法。在牧区,或在便于机械化作业的草地上,牧草经 4～6 小时的平铺日晒后,可用搂草机搂成草垄,注意草垄要疏松,让牧草在草垄内自然风干。此法又称草垄干燥法。上述方法可使叶片碎裂较少,同时与阳光的接触面积较少,因而可有效降低干草调制过程中的养分损失。

草架干燥法：用一些木棍、竹棍或金属材料等制成草架。牧草刈割后先平铺日晒 4～6 小时,至含水量 40%～50%时,将半干牧草搭在草架上,主要不要压紧,要蓬松。然后让牧草在草架自然干燥。与地面干燥法相比,草架干燥法干燥速度快,调制成的干草品质好。

②人工干燥法　与自然干燥法相比,人工干燥法营养物质损失少,色泽青绿,干草品质好,但设备投资较高。

常温鼓风干燥法：为了保存营养价值高的叶片、花序、嫩枝,减少干燥后期阳光暴晒对维生素等的破坏,把刈割后的牧草在田间就地晒干至水分 40%～50%时,再放置于设有通风道的干草棚内,用鼓风机、电风扇等吹风装置,进行常温吹风干燥。采用此方法调制干草时只要不受雨淋、渗水等危害,就能获得品质优良的青干草。

低温干燥法：此法采用加热的空气,将青草水分烘干。干燥温度 50℃～70℃,需 5～6 小时;干燥温度 120℃～150℃,需 5～30 分钟。未经切短的青草置于浅箱或传送带上,送入干燥室(炉)干燥。所用热源多为固体燃料,浅箱式干燥机每日生产干草 2 000～3 000 千克,传送带式干燥机每小时生产量 200～1 000 千克。

高温快速干燥法：利用液体或煤气加热的高温气流,可将切碎成 2～3 厘米长的青草在数分钟甚至数秒钟内含水量从 80％～90％降至 10％～12％。此法多用于工厂化生产草粉、草块。虽然有的烘干机内热空气温度可达到 1 100℃,但牧草的温度一般不超过 30℃～35℃,青草中的养分可以保存 90％～95％,消化率,特别是蛋白质消化率并不降低。

(3)草捆加工

①打捆 打捆就是利用捡拾打捆机将干燥的散干草打成草捆的过程。其目的是便于运输和贮藏。在压捆时必须掌握好牧草的含水量。一般认为,在较潮湿地区适于打捆的牧草含水量为30％～35％;干旱地区为 25％～30％。

根据打捆机的种类不同,打成的草捆分为小方草捆、大方草捆和圆柱形草捆 3 种。

小方草捆:小方草捆的切面从 0.36 米×0.43 米到 0.46 米×0.61 米,长度从 0.5 米到 1.2 米,重量从 10 千克到 45 千克不等,草捆密度 160～300 千克/米³。草捆常用两条麻绳或金属线捆扎,较大的捆用 3 条金属线捆扎。

大方草捆:草捆大小为 1.22 米×1.22 米×(2～2.8)米,重0.82～0.91 吨,密度为 240 千克/米³,草捆用 6 根粗塑料绳捆扎。大方形草捆需要用重型装卸机或铲车来装卸。

大圆柱草捆:其规格为长 1～1.7 米,直径 1～1.8 米,重 600～850 千克,草捆的密度为 110～250 千克/米³。圆柱形草捆的状态和容积使它很难达到与方草捆等同的一次装载量,因此一般不宜远距离运输。

②二次打捆 二次打捆是在远距离运输草捆时,为了减少草捆体积,降低运输成本,把初次打成的小方草捆压实压紧的过程。方法是把 2 个或 2 个以上的低密度(小方草捆)草捆压缩成一个高密度紧实草捆。高密度草捆的重量为 40～50 千克,草捆大小为 30 厘米×40 厘米×70 厘米。二次压捆时要求干草捆的水分

含量为 14%～17%,如果含水量过高,压缩后水分难以蒸发容易造成草捆的变质。大部分二次打捆机在完成压缩作业后,便直接给草捆打上纤维包装膜,至此一个完整的干草产品即制作完成,可直接贮存和销售了。

3. 秸秆等农副产品饲料的加工调制技术 我国农作物秸秆年产量约 5.7 亿吨,占全世界秸秆总量的 20%～30%。秸秆的用途很多,但经过加工调制后饲喂肉牛,通过"过腹还田"是最有效、经济、易行的利用方式之一。牛对秸秆类粗饲料消化能力强,适合于农区养殖,这对充分利用农作物秸秆,解决环境污染,增加农民收入有着重要意义。但秸秆饲料蛋白质、维生素低,单独饲喂秸秆时,牛瘤胃中微生物生长繁殖受阻,影响饲料的发酵,难以满足牛对能量和蛋白质的需要。应采取适当的补饲措施,并结合适当的加工处理,提高牛对秸秆的消化利用率。

(1)常用秸秆等农副产品饲料的种类及特性

①玉米秸 粗蛋白质含量为 6% 左右;粗纤维为 25% 左右,牛对其粗纤维的消化率为 65% 左右;同一株玉米秸的营养价值,上部比下部高,叶片较茎秆高。玉米穗苞叶和玉米芯营养价值很低。

②麦秸 该类饲料不经处理,对牛没有多大营养价值。能量低,消化率低,适口性差,是质量较差的粗饲料。春小麦秸营养价值比冬小麦秸高,燕麦秸的饲用价值最高。

③稻草 营养低于玉米秸、谷草和优质小麦秸。

④谷草 质地柔软、营养价值较麦秸、稻草高。在禾本科秸秆中,谷草品质最好。

⑤豆秸 大豆秸消化率极低,对牛营养价值不大。在豆秸中,蚕豆秸和豌豆秸品质较好。由于豆秸质地坚硬,应铡短或揉碎后饲喂,以保证充分利用。

⑥豆荚 豆子外边的壳,营养价值高于豆秸,相当于中等以下羊草。适于喂牛。

⑦谷类皮壳 包括小麦壳、大麦壳、高粱壳、稻壳、谷壳等。营养价值略高于同一作物的秸秆。稻壳的营养价值最差。

棉籽壳虽然含棉酚,但对育肥牛影响不大,可占日粮粗饲料的40%,喂小牛时最好饲喂1周后就更换其他粗饲料1周,以防棉酚中毒。

(2)加工处理技术

①粉碎、铡短处理 秸秆经粉碎、铡短处理后,体积变小,便于家畜采食和咀嚼,增加了与瘤胃微生物的接触面,可提高过瘤胃速度,增加牛的采食量。由于秸秆粉碎后在瘤胃中停留时间缩短,养分来不及充分降解发酵,便进入了真胃和小肠,所以消化率并不能得到改进。因此,秸秆饲料不提倡粉碎,一方面是由于粉碎可增加饲养成本,另一方面粗饲料过细后不利于牛的咀嚼和反刍。铡短是秸秆处理中常用的一种方法。过长过细都不好,一般在肉牛生产中,根据年龄情况以2~4厘米为好。

②揉搓处理 揉搓处理比铡短处理秸秆又进了一步,经揉搓的玉米秸成柔软的丝条状,增加了适口性。对于牛,揉碎的玉米秸更是一种价廉的、适口性好的粗饲料。目前,揉搓机正在逐步取代铡草机。

③汽爆技术 其特征是通过先将农作物秸秆进行粉碎,再对粉碎后的农作物秸秆进行化学预处理,然后将化学预处理后的秸秆装入蒸汽爆破装置中,通入饱和蒸汽,维持压力一定时间后将秸秆爆出,以达到破坏其木质纤维素结构、提高农作物秸秆饲料营养价值和实现安全无不良反应的目的。

④秸秆颗粒化 根据牛营养需要标准,将粉碎的秸秆与精料、干草混合制成颗粒,便于机械化饲养,减少饲料浪费。同时,制粒会影响日粮成分的消化行为。用颗粒化秸秆混合料喂育肥牛比用同种散混料增重提高20%~25%。秸秆颗粒料在国外很多,随着饲料加工业和秸秆畜牧业的发展,秸秆颗粒饲料在我国

也已得到发展，并将会逐渐普及。

⑤碱化处理　碱化处理是成本低廉、简便易行的秸秆加工方法之一。用碱性化合物处理秸秆，可以打开纤维素、半纤维素与木质素之间对碱不稳定的酯键，溶解半纤维素和一部分木质素及硅，使纤维素膨胀，从而使瘤胃液易于渗入。这样，既提高了秸秆的适口性，增加了采食量，又提高了秸秆的消化率和含水量。

目前常用的方法为干法处理，其方法是将氢氧化钠配成20%～40%的溶液、每100千克秸秆用30千克碱液，然后用耐碱的高压喷雾器将碱液均匀地喷洒在切碎的秸秆上，随拌随喂，碱液用量不得超过秸秆重量的25%。若采用高性能的高压喷雾器，碱液量可减少到秸秆重的5%～10%。处理后的秸秆可堆贮在仓库，也可压制成颗粒。其pH值虽上升到11，但喂前无须清洗，秸秆消化率可提高12%。缺点是秸秆中含钠量高，家畜饮水量大。

经过干法碱化处理的秸秆还可粉碎成秸秆粉，然后经压粒机制成颗粒。由于压粒时的高温（90℃～100℃）高压作用，进一步破坏了秸秆中木质素的化学结构，使消化率可增加近1倍。这种秸秆颗粒因含碱量较高，饲喂量应控制在每头牛每昼夜5～6千克。

⑥氨化处理　秸秆中含氮量低，秸秆氨化处理时与氨相遇，其有机物就与氨发生氨化反应，打断木质素与半纤维素的结合，破坏木质素-半纤维素-纤维素的复合结构，使纤维素与半纤维素被解放出来，被微生物及酶分解利用。氨是一种碱，处理后可使木质化纤维膨胀，增大孔隙度，提高渗透性。反刍动物瘤胃微生物能同时利用饲料中的蛋白质和非蛋白氮合成微生物蛋白质，通过氨化处理秸秆，可延缓氨的释放速度，促进瘤胃内微生物的活动，进一步提高秸秆的营养价值、消化率和适口性。氨化能使秸秆含氮量增加1～1.5倍，粗纤维降低10%，牛对秸秆采食量和消化率提高20%以上。但由于成本较高，目前使用较少。液氨处理时，需要氨瓶或氨罐装运，操作中还要注意人身安全，比较麻烦。

窖贮氨化法相对比较简单。

窖贮法适用于尿素处理。窖的建造与青贮窖相似,深不超过2米。氨化时,在窖内先铺一块 0.08～0.2 毫米厚的塑料薄膜。将含水量 10%～13%的铡短秸秆填入窖内,每填 30～50 厘米厚,均匀喷洒尿素溶液(浓度和用量为 5 千克尿素加水 40～50 升溶解,喷洒在 100 千克秸秆上)并踩实。窖装满后用塑料布盖好封严。密封时间应根据气温和感观来确定,环境温度与所需反应时间为环境温度 30℃ 以上,密封 7 天;30℃～15℃,7～28 天;15℃～5℃,28～56 天;5℃以下,56 天以上。

饲喂时一般经 2～5 天自然通风将氨味全部放掉,呈烟香味时才能饲喂,一般需 3～5 天。如暂时不喂可不必开封放氨。饲喂氨化秸秆应由少到多,少给勤添,先与谷草、青干草等搭配喂,1周后即可全部喂氨化秸秆。氨化秸秆适口性好,进食速度快,采食量增加,据测定,牛对氨化秸秆的采食量比普通秸秆增加 20%以上。应合理搭配精料(玉米、麸皮、糟渣、饼类)。

⑦秸秆微贮技术　秸秆微贮饲料就是在农作物干秸秆中,加入水和微生物高效活性菌种——秸秆发酵活干菌,放入密封的容器(如水泥池、土窖)中贮藏,经一定的发酵过程,使农作物秸秆变成具有酸、香味、草食家畜喜食的饲料。由于北方一年一季种植地区,玉米收获时秸秆已经枯死变黄,因此秸秆微贮技术普遍适用。

窖的建造:微贮的建窖和青贮窖相似,也可选用青贮窖。

秸秆的准备:应选择无霉变的新鲜秸秆,麦秸铡短 2～5 厘米,玉米秸最好铡短 1 厘米左右或粉碎(孔径 2 厘米筛片)。

复活菌种并配制菌液:根据当天预计处理秸秆的重量,计算出所需菌剂的数量,按以下方法配制。

菌种的复活:在处理秸秆前将菌剂 3 克倒入 2 升水中,充分溶解,然后在常温下放置 1～2 小时使菌种复活,复活好的菌剂一定要当天用完。

菌液的配制:将复活好的菌剂倒入充分溶解的 0.8%～1%食盐水中拌匀,食盐水及菌液量的计算方法见表 4-1。菌液兑入盐水后,再用潜水泵循环,使其浓度一致,这时就可以喷洒了。配好的菌液不能过夜,当天一定要用完。

表 4-1　菌液配制

秸秆种类	秸秆重量（千克）	秸秆发酵活干菌用量(克)	食盐用量（千克）	自来水用量（升）	贮料含水量（%）
稻麦秸秆	1000	3.0	9～12	1200～1400	60～70
黄玉米秸	1000	3.0	6～8	800～1000	60～70
青玉米秸	1000	1.5	—	适 量	60～70

装窖:土窖应先在窖底和四周铺上一层塑料薄膜,在窖底先铺放 20 厘米厚的秸秆,均匀喷洒菌液,压实后再铺秸秆 20 厘米,再喷洒菌液压实。大型窖要采用机械化作业,压实用拖拉机,喷洒菌液可用潜水泵,一般扬程 20～30 米流量每分钟 30～50 升为宜。在操作中要随时检查贮料含水量是否均匀合适,层与层之间不要出现夹层。检查方法:取秸秆,用力握攥,指缝间有水但不滴落,水分 60%～70%最为理想,否则为过高或过低。

加入精料辅料:在微贮麦秸和稻草时应加入 3‰左右的玉米粉、麸皮或大麦粉以利于发酵初期菌种生长,提高微贮质量。加精料辅料时应铺一层秸秆,撒一层精料粉,再喷洒菌液。

封窖和饲喂技术:同青贮饲料制作。

4. 青贮饲料及加工调制　青贮饲料是指在厌氧条件下经过乳酸菌发酵促使 pH 值下降而保存的青绿多汁饲料。其过程称为青贮。青贮饲料具有很多优点,一是青贮过程养分的损失低于用同样原料调制干草的损失。二是饲草经青贮后,可以很好地保持饲料青绿时期的鲜嫩汁液,质地柔软,并且具有酸甜清香味,从而提高了适口性。三是一些粗硬原料、带有异味的原料或含有单宁等抗营养因子的原料在青贮后可成为良好的肉牛饲料,从而可有效地利用饲料资源。四是青贮饲料可以长期贮存不变质,可以做到常年稳定供给,从而使肉牛终年保持高水平的营养状态和生产水平。

(1)青贮设施　我国生产中采用的青贮设施主要是青贮窖,近年裹包青贮发展很快;国外青贮塔也很普遍。青贮窖根据其在地平线上下的位置可分为地下式青贮窖、半地下式和地上式青贮窖(图 4-1,图 4-2),根据其形状又有圆形与长方形之分。长方形窖,内壁呈倒梯形,窖四角做成圆形,便于青贮原料下沉。土窖壁要光滑,如果利用时间长,最好用水泥抹面做成永久性窖。半地下窖内壁上下要垂直,窖底像锅底,先把地下部分挖好,再用湿黏土、土坯、砖、石等向上垒起 1 米高,地上部分窖壁厚不应小于 0.7米,以防透气。一般在地下水位比较低的地方,可使用地下式青贮窖,而在地下水位比较高的地方易建造半地下式和地上式青贮窖。建窖时要保证窖底与地下水位至少距离 0.5 米(地下水位按历年最高水位为准),以防地下水渗透进青贮窖内,同时要用砖、石、水泥等原料将窖底、窖壁砌筑起来,以保证密封和提高青贮效果。半地下、地下形式可以减少建设投资,并方便青饲的收贮,但防雨效果差,使用运输爬坡费力。

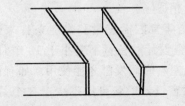
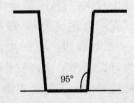

图 4-1　地下式青贮窖

图 4-2　半地下式青贮窖

现代规模化肉牛场的青贮窖建筑,由于贮备数量大,提倡地上青贮窖建筑形式,不仅有利于排水,还有利于大型机械作业。建筑一般为长方形槽状,三面为墙体一面敞开,数个青贮窖连体,建筑结构既简单又耐用,并节省用地。青贮窖宽度根据每天青贮使用量、牵引式或自走式 TMR 设备行走转弯需要等设计,但是过宽的青贮窖在贮备时会影响封窖速度,进而影响青贮质量,饲养规模大的牛场,一般为 15～20 米宽为宜。地上青贮窖最好使用混凝土浇筑,墙体不必过高,一般不超过 3 米,青贮堆放时高度要求高于墙体,一般达到 3.5～4 米,覆盖塑料膜时形状如阴阳瓦状态,这样可以防止雨水流入。

不管用什么原料建造青贮设施,一是要做到窖壁不透气,这是保证调制优质青贮饲料的首要条件。因为一旦空气进入其内,必将导致青贮饲料品质的下降和霉坏。二是窖壁要做到不透水,如水浸入青贮窖内,会使青贮饲料腐败变质。三是窖壁要平滑、垂直或略有倾斜,以利于青贮饲料的下沉和压实。四是青贮窖不可建的过大或过小,要与需求量相适应。

青贮窖建筑面积,要根据全年青贮需求量和供应条件来确定:一般收获期一年一次,青贮窖设计贮备量不应小于 13 个月,因为青贮制作后,要经过 1 个月左右时间发酵才能使用。如有计划种植,一年可收获 2 季,青贮窖设计贮备量应不少于 8 个月。贮备青贮秸秆水分应控制在 70%左右,压实的青贮每立方米容重见表 4-2,平均每头肉牛年贮备量为 5 吨左右。根据青贮储备年度计划数量,设计青贮窖建筑面积和规格数量,青贮堆放高度一般为 3.5~4 米,因为青贮堆得高,可以减少青贮顶部霉变损失,但过高又不利于使用,有了堆放高度就可计算青贮窖建筑面积。

表 4-2 不同原料青贮后的容量

原料种类	容量(千克/米³)
叶菜类、紫云英、甘薯块根等	800
甘薯藤	700~750
萝卜叶、芜菁叶、苦荬菜	600
牧草、野草	600
青贮玉米、向日葵	500~550
青贮玉米秸	450~500

青贮窖排水设计:地上青贮窖窖口地面要高于外面地面 10 厘米,以防止雨水向窖内倒灌;窖内从里向窖口做 0.5%~1% 坡度,便于窖内挤压液体排出,同时也起到防雨水倒流浸泡的作用;地下青贮窖窖口要有收水井,通过地下管道将收集的雨水等排出场区,防止窖内液体和雨水任意排放。如青贮窖体较长,收水井可设在青贮窖中央,然后由窖口和窖内端头向中央收水井放坡,坡度为 0.5%~1%,中央的收水井通过地下管道连通,然后集中排出。

裹包青贮是将青贮原料用机械压成草捆,再用塑料袋或薄膜密封起来,也可调成优质青贮饲料。这种方法操作简便,存放地点灵活,且养分损失少,还可以商品化生产。但在贮放期间要注意预防鼠害和薄膜破裂,以免引起二次发酵。

(2)一般青贮饲料的调制

①调制青贮饲料应具备的基本条件

要有足够的含糖量:试验证明,所有的禾本科饲草、甘薯藤、菊芋、向日葵、芜菁和甘蓝等含糖量均能满足青贮的要求，可以单独进行青贮。但豆科牧草、马铃薯的茎叶等，其含糖量不能满足青贮的要求，因而不能单独青贮，若需青贮，可以和禾本科饲草混合青贮，也可以采用一些特种方法（半干青贮或添加剂）进行青贮。

青贮原料的水分含量要适宜：水分含量过少的原料，在青贮时不容易踏实压紧，青贮窖内会残存大量的空气，从而造成好气性细菌大量繁殖，使青贮料发霉变质。而水分含量过高的原料，在青贮时会压得过于紧实，一方面会使大量的细胞汁液渗出细胞造成养分的损失，另一方面过高的水分会引起酪酸发酵，使青贮料的品质下降。因此，青贮时原料的含水量一定要适宜。青贮原料的适宜含水量随原料的种类和质地不同而异，一般以60%~70%为宜。

切短、压实、密封，造成厌氧环境：切短原料便于压实，并且会有部分汁液渗出，有利于乳酸菌的生长和繁殖；切短后在开窖饲喂时取用也比较方便，牛也容易采食。压实是为了排除青贮窖内的空气，减弱呼吸作用和腐败菌等好气性微生物的活动，从而提高青贮饲料的质量。密封的目的是保持青贮窖内的厌氧环境，以利于乳酸菌的生长和繁殖。

当条件适宜时，青贮温度一般会保持在30℃左右，这个温度条件有利于乳酸菌的生长与繁殖，保证青贮的质量。

②青贮饲料的制作方法

青贮原料的准备：农区有大量的玉米收获后的鲜秸秆，适合做青贮；我国南方甘蔗的分布区域广、种植面积大、产量高，加工副产品鲜甘蔗叶稍含糖量高，易青贮，是肉牛良好的优质饲料。许多原料如香蕉茎叶等含有抗营养因子单宁等，不能直接饲喂，但可以通过青贮降低抗营养因子含量。几种常用青贮原料种类和适宜收割期见表4-3。含水量超过70%时应将原料适当晾晒到含水60%~70%，或适量添加干秸秆、干草等。

表 4-3　常用青贮原料适宜收割期

青贮原料种类	收割适期	含水量(%)
全株玉米(带果穗)	蜡熟期	75
收玉米后秸秆	果粒成熟立即收割	60 左右
豆科牧草及野草	现蕾期至开花初期	70~80
禾本科牧草	孕穗至抽穗期	70~80
甘薯藤	霜前或收薯期 1~2 天	86
马铃薯茎叶	收薯前 1~2 天	80
三水饲料	霜前	90
甘蔗梢	甘蔗收获后	50~60
香蕉茎叶	香蕉收获后	90 以上

切碎:青贮原料要切碎,以便于压实和取用。切短的长度,细茎牧草以 7~8 厘米为宜,而玉米等较粗的作物秸秆最好不要超过 1 厘米。

装填和压实:青贮原料装入青贮窖之前,需将青贮设施清理干净,装填速度要迅速,以免在原料装填与密封之前的时间过长,造成好气分解以至于腐败变质。一般小型窖要当天完成,大型窖要在 2~3 天装填完毕。装填时间越短,青贮品质就越高。

如果是土窖,四壁和底衬上塑料薄膜(永久性窖可不铺衬),先在窖底铺一层 10 厘米厚的干草,以便吸收青贮液汁,然后把铡短的原料逐层装入压实。装填过程每隔 20~30 厘米将青贮原料铺平并压实,大型窖可以使用履带式拖拉机来不间断压实,但其边、角部位仍需由专人负责踩踏,切忌等青贮原料装满后进行一次性的压实。

封顶:原料装填到高出窖口 60~100 厘米,并经充分压实之后,应立即密封和覆盖,其目的是隔绝空气继续与原料接触,并防止雨水进入。封顶一定要严实,绝对不能漏水透气,这是调制优质青贮饲料的一个非常重要的关键。封顶时,首先在原料的上面盖一层10～20厘米厚切短的秸秆或青干草,上面再盖一层塑料薄膜,薄膜上面再压30～50厘米厚的土层,窖顶呈蘑菇状,以利于排水。

管理:封顶之后,青贮原料都要下沉,特别是封顶后第一周下沉最多。因此,在密封后要经常检查,一旦发现由于下沉造成顶部裂缝或凹陷,就要及时用土填平并密封,以保证青贮窖内处于无氧环境。

(3)半干青贮饲料及加工调制 半干青贮是用含水量在45％～55％的饲草调制成的青贮饲料。其特点介于青干草和青贮饲料两者之间,优点为发酵品质良好、可消化营养物质含量高、家畜对半干青贮饲料的干物质摄取量大、运输效率高、青贮原料不受含糖量高低影响等。

半干青贮的调制方法与普通青贮基本相同,区别在于原料收割后,需平铺在地面上,在田间晾晒1天左右,当水分含量达到45％～55％时才能装贮,禾草经晾晒后,茎叶失去鲜绿色,叶片卷成筒状,茎秆基部尚保持鲜绿状态;豆科牧草晾晒至叶片卷成筒状,叶片易折断,压迫茎秆能挤出水分,茎表面可用指甲刮下,这时的含水量约50％。并且贮藏过程和取用过程中要保证密封。其他制作方法如一般青贮技术。

目前,半干青贮也广泛应用于裹包青贮。其方法是将牧草刈割后晾晒,当含水量至45％～55％时用压捆机将其压成草捆,再密闭于塑料薄膜之中。这种青贮方法实现了机械化作业,提高了劳动效率,在青贮过程中养分损失得到有效遏制。

(4)青贮饲料的开窖与取用

①开窖 一般青贮在制作45天后(温度适宜30天即可)即

可开始取用。

对于圆形窖,因为窖口较小,开窖时可将窖顶上的覆盖物全部去掉,然后自表面一层一层地向下取用,使青贮饲料表面始终保持一个平面,切忌由一处挖窝掏取,而且每天取用的厚度要达到 10 厘米左右,高温季节最好要达到 15 厘米以上。

对于长方形窖,开窖取用时千万不要将整个窖顶全部打开,而是由一端打开 70～100 厘米的长度,然后由上至下平层取用,每天取用厚度与圆形窖要求相同,等取到窖底后再将窖顶打开 70～100 厘米的长度,如此反复即可。切勿全面打开,防止暴晒、雨淋、结冰,严禁掏洞取料。每天取后及时覆盖草苫或席片,防止二次发酵。如果青贮制作符合要求,只要不启封窖,青贮饲料可保存多年不变质。

②防止二次发酵 青贮饲料的二次发酵是指在开窖之后,由于空气进入导致好气性微生物大量繁殖,温度和 pH 值上升,青贮饲料中的养分被分解并产生好气性腐败的现象。

为了防止二次发酵的发生,在生产中可采取以下措施:一是要做到适时收割,控制青贮原料的含水量在 60%～70%,不要用霜后刈割的原料调制青贮饲料,因为这种原料会抑制乳酸发酵,容易导致二次发酵。二是要做到在调制过程中一定要把原料切短,并压实,提高青贮饲料的密度。三是要加强密封,防止青贮和保存过程中漏气。四是要做到开窖后连续使用。五是要仔细计算日需要量,并据此合理设计青贮窖的断面面积,保证每日取用的青贮饲料厚度冬季在 6 厘米以上、夏季在 10 厘米以上。六是喷洒甲酸、丙酸、己酸等防腐药。

③青贮饲料的饲用

饲喂时注意事项:由少到多逐渐增加喂量,冰冻的青贮饲料不能直接饲喂,要先将它们置于室内,待融化后再进行饲喂,以免引起消化道疾病。霉变的青贮饲料不能饲喂,取出的青贮饲料要在当天喂完,不能放置过夜。青贮必须与其他饲料如精料、干草等按照肉牛的营养需要合理搭配进行饲喂。

饲喂量:2月龄以上开始饲喂,逐渐增加,5～6月龄时8千克左右,育肥牛每日15～20千克。

(二)精 饲 料

谷物类、饼粕类、粮食加工的副产品(小麦麸、次粉、米糠等)都属精饲料。精饲料又根据蛋白质含量的不同,分为蛋白饲料和能量饲料。

1. 能量饲料及加工调制 能量饲料是指干物质中粗纤维的含量低于18％,粗蛋白质含量低于20％的饲料。它包括谷实类饲料、粮食加工的副产品和其他高能饲料。

(1)谷实类饲料 谷实类饲料一般是指禾本科植物成熟的种子。是能量饲料的主要来源,可占肥育牛日粮的40％～70％。常用的谷物类饲料有玉米、高粱、小麦、大麦和燕麦等。

①玉米 在谷实类饲料中玉米含的可利用能量最高,在肉牛饲料中使用的比例最大。

玉米被称为“饲料之王”,其特点是可利用能量高,亚油酸含量较高,蛋白质含量低(8％左右)。黄玉米中叶黄素含量丰富,平均为22毫克/千克,营养价值高于白玉米,但白玉米饲喂肉牛能使肌间脂肪更白。钙、磷均少,且比例不合适,维生素含量也低,是一种养分不平衡的高能饲料。玉米用量可占肉牛混合料的60％左右。高油玉米,含油量比普通玉米高100％～140％,蛋白质和氨基酸、胡萝卜素等也高于普通玉米,饲喂牛效果好。

②高粱 能量仅次于玉米,蛋白质含量为11％左右,铁含量丰富。高粱在瘤胃中的降解率低,但因含有0.2％～0.5％的抗营养物质——单宁,适口性差,并且喂牛易引起便秘并影响蛋白质、

氨基酸以及能量的利用率;另外,单宁和胰淀粉酶形成复合物,从而影响淀粉的消化率。一般不把高粱作为肉牛的主要饲料,用量不超过日粮的20%。与玉米配合使用效果增强,可提高饲料的利用率。

③小麦　当小麦的价格比玉米低时可用作饲料。与玉米相比,小麦能量较低,粗脂肪含量仅1.8%,但蛋白质含量较高,达到12%以上,必需氨基酸的含量也较高。所含B族维生素及维生素E较多,维生素A、维生素D、维生素C、维生素K则较少。小麦的过瘤胃淀粉较玉米、高粱低,肉牛饲料中的用量以不超过30%为宜,小麦粒中粗纤维的含量很低,有效能值仅次于玉米,单独饲喂易引起酸中毒。

④大麦　带壳为"草大麦",不带壳为"裸大麦"。带壳的大麦,即通常所说的大麦,它的代谢能水平较低,但适口性很好,因含粗纤维5%左右,可促进肉牛肠道的蠕动,使消化功能正常,是牛的好饲料。蛋白质含量高于玉米,约10%左右,品质亦好;维生素含量一般偏低,不含胡萝卜素。裸大麦代谢能水平高于草大麦,比玉米子实低得多,蛋白质含量高。矿物质含量也比较高。在高档牛肉生产中,育肥后期使用不低于25%的大麦,可以改变肉质,使脂肪白而坚硬。应当注意,大麦和苜蓿干草同时混在日粮中会增加患臌胀病的可能性,尤其是大麦收割后未经充分晒干的情况下。

⑤燕麦　总的营养价值低于玉米,但蛋白质含量较高,约11%;粗纤维含量较高为10%~13%,能量较低;富含B族维生素,脂溶性维生素和矿物质较少,钙少磷多。燕麦是牛的极好饲料。但由于脂肪中含有亚油酸等不饱和脂肪酸,所以燕麦与其他谷物相比不容易贮存。

⑥稻谷和糙米　稻壳中仅含3%的粗蛋白质,40%以上的是粗纤维,粗纤维中有一半以上是难以消化的木质素。稻谷在能量

饲料中属中低档饲料。稻谷脱壳后即得糙米,约含 8% 的粗蛋白质,必需氨基酸和矿物质微量元素比较缺乏。

(2)粮食加工的副产品 主要包括小麦麸、次粉、米糠、玉米皮和大豆皮等。

①小麦麸 其营养价值因麦类品种和出粉率的高低而变化。小麦麸粗蛋白质含量为 15% 左右,除胱氨酸、色氨酸略高于米糠外,所有氨基酸的含量都低于糠麸类中同类氨基酸的含量。粗纤维含量为 8% 左右,粗脂肪含量为 4% 左右。小麦麸中含有丰富的锰与锌,但铁的含量差异很大。含磷较高。小麦麸质地疏松、容重小、适口性好,是牛良好的饲料,具有轻泻作用,母牛产后喂以适量的麦麸粥,可以调养消化道的功能。用量一般不要超过 20%。

②次粉 次粉又称黑面、黄粉、下面或三等粉等,是小麦磨制面粉的另一种副产品。由于面粉生产工艺的不同,次粉有不同的档次。一般次粉中含有粗蛋白质 14%(变动于 11%~18%),粗脂肪含量 2%(变动于 0.4%~5%),无氮浸出物的平均值含量为 65%(变动于 53%~73%)。

③米糠 米糠为去壳稻粒(糙米)制成精米时分离出的副产品,由果皮、种皮、糊粉层及胚组成。米糠的有效营养变化较大,随含壳量的增加而降低。粗脂肪含量高,易在微生物及酶的作用下发生酸败。为使米糠便于保存,可经脱脂生产米糠饼。经榨油后的米糠饼脂肪和维生素减少,其他营养成分基本被保留下来。肉牛用量可达 20%,脱脂米糠用量可达 30%。稻壳粉碎后和米糠混合称统糠,统糠的营养价值取决于米糠在其中的比例。

④玉米皮 也称玉米皮渣,或玉米纤维饲料、玉米皮糠等。它是湿法生产淀粉时将玉米浸泡、粉碎、水选之后的筛上部分,经脱水而制成的玉米麸质饲料。其粗纤维含量为 16.2%(6%~16%),无氮浸出物为 57.45%(其中淀粉 40% 以上),粗蛋白质为

3%(2.5%～9%)。在肉牛日粮中可以代替部分玉米和麸皮。

⑤大豆皮　大豆加工中分离出的种皮,含粗纤维38%、粗蛋白质12%,几乎不含木质素,故消化率高,对于反刍家畜其营养价值相当于玉米等谷物,对于强度育肥肉牛有助于保持日粮粗纤维理想水平,同时又能保证增重的能量需要。

(3)其他能量饲料　包括块根、块茎、油脂、糖蜜等。

①块根、块茎　主要包括胡萝卜、甘薯、木薯、马铃薯和饲用甜菜等。这些饲料的干物质中淀粉和糖类含量高,蛋白质含量低,纤维素少,并且不含木质素,适口性好。一般新鲜的块根、块茎饲料只用于饲喂犊牛与哺乳母牛,而不用作肉牛肥育(体积大)。这类饲料的干物质含能值一般比谷物类饲料要高。

②油脂　油脂的作用是提供能量,供应必需脂肪酸,促进脂溶性维生素的溶解、吸收。肉牛日粮中添加脂肪,可提高增重,改善胴体品质。专家认为,反刍动物低脂肪日粮补充长链脂肪酸,能提高饲料能量转化效率。但对高纤维日粮,当脂肪含量超过5%时,会影响纤维的消化率。因此,须对脂肪进行过瘤胃保护,如脂肪酸钙。

③糖蜜　糖蜜与淀粉、脂肪等其他能量饲料相比,它具有消化吸收快、口感好、富含矿物质及B族维生素的特点。糖蜜可让牛直接舔食,还可以直接添加到干草上;尤其是饲用舔砖和颗粒饲料,糖蜜不仅作为有效的能量原料,而且还是一种很好的黏结剂及调味剂。

(4)谷物类饲料的加工调制　谷物饲料的70%～80%是由淀粉组成的,加工的目的是提高饲料中淀粉的利用率和便于饲料的配合。

①粉碎　常用的加工方法是粉碎,试验证明谷物不宜粉碎过细。粗粉与细粉相比,粗粉可提高适口性,提高牛唾液分泌量,增加反刍。过细的会使牛采食量减少,在瘤胃停留时间短,导致饲

料转化率降低和牛的增重降低。研究证明,将目前通常使用的 14 目粉碎提升到 7～10 目(2～2.8 毫米孔筛)粉碎,可以加快玉米的粉碎速度,降低玉米加工成本(电费、机器磨损、人工费)3～5 元/吨,提高玉米利用率 2% 左右。麦类更不宜粉碎得过细。

②蒸汽压片 蒸汽压片一般将谷物先经 100℃～110℃蒸汽调制处理 30～60 分钟,然后用预热后的压辊碾成特定密度的谷物片。机制是淀粉凝胶糊化的过程,提高淀粉在消化道的消化率。另外,谷物在加工过程中蛋白质的结构得到改变,有利于牛对蛋白质的消化吸收。因此,蒸汽压片技术对玉米、小麦、大麦等进行加工处理可以显著提高其利用率,减少饲料浪费,降低对环境的污染,是目前发达国家普遍采用的谷物加工方法。

2. 蛋白质饲料 指干物质中粗纤维含量在 18% 以下,粗蛋白质含量为 20% 以上的饲料。对于肉牛主要是植物性蛋白质饲料、单细胞蛋白质饲料、非蛋白氮饲料等。

(1)子 实 类

①全脂大豆 粗蛋白质含量为 42%,粗脂肪含量为 21%,大豆中氨基酸含量丰富,特别是赖氨酸,但蛋氨酸不足。全脂大豆中含有抗营养因子,在饲喂前要进行适当的加热处理,一般采用膨化方法处理效果好。膨化大豆是犊牛代乳料和补充料的优质原料。

②带绒全棉籽 是一种高能、高蛋白、高纤维的优质饲料。其粗脂肪含量达 19.3%;全棉籽的粗纤维 100% 为有效纤维,在国外作为牛饲料应用广泛。全棉籽可整粒饲喂,不需要经过任何加工处理,以降低饲料加工成本;日粮中添加全棉籽不但可以增加日增重,还可提高牛抵抗热应激的能力。由于全棉籽中含有一定量的棉酚,日粮中添加棉籽时,要相应减少精料补充料中棉籽粕的添加量,一般不宜超过精饲料的 13.5%。

③油菜籽 粗蛋白质含量 24.6%～32.4%,粗纤维含量

5.7%～9.6%,粗灰分含量 4.1%～5.3%,粗脂肪含量 37.5%～
46.3%。但由于油菜籽中含有硫代葡萄糖苷、芥子碱、单宁、植酸
等抗营养因子,在肉牛日粮中不宜大量添加,应控制在 17% 以下。

④亚麻籽　亚麻籽是一种经济价值较高的油料作物,含有约
41% 的粗脂肪和 28% 的粗纤维,粗蛋白质含量 15.5%～
24.4%。可以增加肉牛干物质采食量,提高日增重,改善肉品
质,增加肉中多不饱和脂肪酸的含量。可在精补料中添加 15%
左右的亚麻籽。

(2) 饼 粕 类

①大豆饼(粕)　由于取油工艺不同,通常将用压榨法或夯榨
法取油后的副产品称为大豆饼;将用浸提法或用预压后,再浸提
取油后的副产品为大豆粕。粗蛋白质含量为 38%～47%,且品质
较好,尤其是赖氨酸含量是饼粕类饲料最高者,但蛋氨酸不足。
大豆饼粕可替代犊牛代乳料中部分脱脂乳,并对各类牛均有良好
的生产效果。

②棉籽饼(粕)　由于棉籽脱壳程度及制油方法不同,营养价
值差异很大。粗蛋白质含量 16%～44%,粗纤维含量 10%～
20%。棉籽饼粕蛋白质的品质不理想,赖氨酸含量较低,蛋氨酸含
量也不足。棉籽饼中含有游离棉酚,长期大量饲喂会引起中毒。

③菜籽饼(粕)　有效能较低,适口性较差。粗蛋白质含量在
34%～38%,矿物质中钙和磷的含量均高,特别是硒含量为 1 毫
克/千克,是常用植物性饲料中最高者。菜籽饼粕中含有硫代葡
萄糖苷、芥酸等毒素。在肉牛日粮中应控制在 10% 以下。近几年
国内外已培育出许多优良"双低"油菜品种,与普通菜籽饼粕相
比,常规营养成分的含量没有明显改变,但硫代葡萄糖苷含量大
大降低,从而大大改善了菜籽饼(粕)的饲用价值。"双低"菜粕在
肉牛日粮中的推荐用量为 15%～20%。

④亚麻仁饼(粕)　亚麻饼(粕)中粗蛋白质及各种氨基酸含

量与棉、菜籽饼(粕)近似。粗纤维为 8％左右。从蛋白质含量及有效能供给量的角度分析,亚麻仁饼(粕)属中等偏下水平。

⑤葵花籽饼(粕)　营养成分取决于脱壳程度和榨油工艺。脱壳榨油后葵花籽饼(粕)的营养成分含量一般为粗蛋白质 41％～45％,粗脂肪 4％～7％,粗纤维 11％～13％。不脱壳的葵花籽饼(粕),其粗纤维含量很高(分别为 24％和 34％),其他成分含量相对较低,当前我国市售的向日葵饼(粕)中大部分属于部分脱壳的产品,有效能值较低,一般肉牛日粮中的推荐用量不超过 10％。

⑥芝麻饼粕　粗蛋白质含量在 40％～46％,氨基酸含量也很丰富,氨基酸组成中蛋氨酸、色氨酸含量丰富,尤其是蛋氨酸高达0.8％以上。赖氨酸缺乏,精氨酸极高,赖氨酸与精氨酸之比为100∶420,比例严重失衡,配制饲料时应注意。芝麻饼(粕)渣的有效能值也远远高出棉、菜籽饼而与豆饼接近。钙、磷较高。维生素 D、维生素 E 含量低,核黄素、烟酸含量较高。芝麻饼(粕)中的抗营养因子主要为植酸和草酸,二者能影响矿物质的消化和吸收。在肉牛日粮中的推荐用量为不超 10％。

⑦花生饼(粕)　粗蛋白质含量可达 45％以上,但氨基酸组成不好,赖氨酸含量只有大豆饼(粕)的一半左右,蛋氨酸含量也较低,而精氨酸含量高达 5.2％。不脱壳花生榨油生产出的花生饼,粗纤维含量可达 25％。花生饼(粕)很容易感染黄曲霉菌而产生黄曲霉毒素,国家卫生标准规定允许量应低于 0.05 毫克/千克。

(3)糟渣类副产品

①酒糟　啤酒糟的质量好于白酒糟。白酒糟粗蛋白质含量为 16％～25％;啤酒糟粗蛋白质含量为 19％～30％。蛋白质含量相对比较高,能量不足;酒糟中磷的含量较高,但是钙的含量低,还有水溶性维生素含量相对较高,但缺乏脂溶性维生素;矿物质和微量元素也不足。可代替部分蛋白质饲料。

鲜糟饲喂效果优于干糟,鲜酒糟饲喂注意事项:首先喂量要适度,繁殖母牛日喂量以 4～7 千克为宜,育肥牛最高限量为 15 千克。大量饲喂易便秘,母牛会导致流产;其次一定要新鲜,酒糟保鲜时间短,高温时更易酸败产生有毒物质,喂牛可导致中毒甚或死亡。可采取窖贮方法进行保存,对贮存不当稍有发酸的啤酒糟,饲喂时每日每头添加 150～200 克小苏打可中和酸度,在夏季酒糟应当日喂完,过夜不宜再喂。王之盛等证实,鲜酒糟窖贮中添加氯化铵可以提高酒糟的氮含量,并具有杀菌、抑菌作用,有助于防止开窖后二次发酵。氯化铵添加量为 0.3%,为了混合均匀和控制水平,可以制成氯化铵饱和溶液(40%),装窖时用喷雾器喷入。

②豆类淀粉渣 豆类淀粉渣是用豌豆、绿豆、蚕豆作原料生产的粉渣,其最大特点是干物质中粗蛋白质含量高,通常可达30%以上,质量较好,可以作为蛋白质的补充饲料。但是,高温季节豆类淀粉渣易腐败,饲喂后容易引起中毒,过多饲喂可引起瘤胃臌气、肠炎。因此,建议其喂量控制在 3～5 千克/日·头为宜,一般与青饲料、粗饲料搭配饲用。

③酱油渣 酱油渣是黄豆经米曲霉菌发酵后,浸提出发酵物中的可溶性氨基酸、低肽和成味物质后的渣粕。酱油渣营养价值较高,尤其是蛋白质含量丰富。折干物质的酱油渣的营养成分为水分 12%、粗蛋白质 21.4%、脂肪 18.1%、粗纤维 23.9%、无氮浸出物 9.1%、矿物质 15.5%。酱油渣价格低廉,可用作肉牛饲料,但含盐量较高,一般含量为 6%～10%,因此不可多喂,以防食盐中毒。

(4)玉米加工副产品

①玉米蛋白粉 是生产玉米淀粉的主要副产品,通常由25%～60%的粗蛋白质、15%～30%的淀粉、少量的脂类物质和纤维素组成。玉米蛋白粉中的蛋白质主要是玉米醇溶蛋白、谷蛋白、球蛋白和白蛋白,过瘤胃蛋白质含量高,可用作肉牛优

质蛋白质饲料原料。在使用玉米蛋白粉的过程中,应注意黄曲霉毒素含量。

②玉米胚芽饼 是玉米胚芽经提取脂肪后的副产物,粗蛋白质含量为 14%～29%。其氨基酸组成较差,赖氨酸含量为 0.75%,蛋氨酸和色氨酸含量较低,钙少磷多,钙、磷比例不平衡。另外,玉米胚芽饼(粕)的维生素 E 含量非常丰富,适口性好,但其品质不稳定,易变质,一般在牛精料中的使用量为 20% 以下。由于价格较低,近年来在肉牛日粮中应用较多。

③玉米酒精糟或玉米酒精蛋白饲料(DDGS) 因加工工艺与原料品质差别,其营养成分差异较大。一般粗蛋白质含量为 26%～32%,含有蛋白氮较高。酒精糟气味芳香,是肉牛良好的饲料,既可作能量饲料,也可作蛋白质饲料。一般在牛精料中的使用量为 17% 以下。

④玉米喷浆蛋白 是把玉米生产淀粉及胚芽后的副产品进行加工,把含蛋白质、氨基酸的玉米浆喷上去,使其蛋白质、能量、氨基酸含量增加,干燥后即成玉米喷浆蛋白,其主要成分为玉米皮。玉米喷浆蛋白颜色呈黄色,适口性好,蛋白质含量变化大(14%～27%),能量含量低,富含非蛋白氮。

(5)单细胞蛋白质饲料 以酵母最具有代表性,其粗蛋白质含量为 40%～50%,生物学价值较高,含有丰富的 B 族维生素。

(6)非蛋白氮饲料 一般指通过化学合成的尿素、铵盐等。牛瘤胃中的微生物可利用这些非蛋白氮合成微生物蛋白,与天然蛋白质一样供宿主消化利用。

尿素含氮 46% 左右,其蛋白质当量为 288%,按含氮量计,1 千克含氮为 46% 的尿素相当于 6.8 千克含粗蛋白质 42% 的豆饼。尿素的溶解度很高,在瘤胃中很快转化为氨,尿素饲喂不当会引起致命性的中毒。因此,使用尿素时应注意:尿素的用量应逐渐增加,应有 2 周以上的适应期,以便保持肉牛的采食量;只能在 6

月龄以上的牛日粮中使用尿素,因为 6 月龄以下时瘤胃尚未发育完全。繁殖母牛在使用时应受限制,尽量使用缓释尿素,以免影响繁殖;与淀粉多的精料混匀一起饲喂,尿素不宜单喂,应与其他精料搭配使用,也可调制成尿素溶液喷洒或浸泡粗饲料,或调制成尿素青贮饲料,或制成尿素颗粒料、尿素精料砖等;不可与生大豆或含尿酶高的大豆粕同时使用;尿素应与谷物或青贮饲料混喂。禁止将尿素溶于水中饮用,喂尿素 1 小时后再给牛饮水;尿素的用量一般不超过日粮干物质的 1%,或每 100 千克体重 15～20 克。

近年来,为降低尿素在瘤胃的分解速度,改善尿素氮转化为微生物氮的效率,防止牛尿素中毒,研制出了许多新型非蛋白氮饲料,如糊化淀粉尿素、异丁基二脲、磷酸脲、羟甲基尿素等。

(三)矿物质饲料

矿物质饲料是用来补充动物所需矿物质。肉牛常用的矿物质饲料主要有食盐、石粉、膨润土和磷补充料。

1. 食盐　食盐是牛及各种动物不可缺少的矿物质饲料之一,它对于保持生理平衡、维持体液的正常渗透压有着非常重要的作用,同时食盐可以提高饲料的适口性,具有调味作用。肉牛日粮中食盐的用量一般为 1%～2%。最常用的饲喂方法是将食盐直接拌入饲料中或制成盐砖放在运动场上让牛自由采食。

2. 石粉　石粉主要是指石灰石粉,主要成分是天然的碳酸钙,一般含钙 35%,是最便宜的矿物质饲料。只要石灰石粉中铅、汞、砷、氟的含量在安全范围之内,就可以作为肉牛的饲料。肉牛饲料中一般添加 1%～2%。

3. 膨润土　膨润土是以蒙脱石为主要成分的细粒黏土。膨润土对氨有较强的吸附性,对碱有一定的缓冲能力,因此能保持瘤胃 pH 值相对稳定,促进反刍动物对非蛋白氮的利用。在肥育牛日粮中每天添加 50～100 克膨润土,日增重会明显增加。

4. 磷补充料 磷的补充饲料主要有磷酸氢二钠、磷酸氢钠、磷酸氢钙、过磷酸钙等,在配合饲料中的作用是提供磷和调整饲料中钙、磷的比例,促进钙、磷的合理吸收和利用。

(四)饲料添加剂

为满足畜禽等动物的营养需要,完善日粮的全价性,提高饲料转化率、促进动物生长发育,防治疫病,减少饲料贮存期间的物质损失,增加畜产品产量并改善畜产品品质等,在饲料中添加的某些微量成分,这些微量成分统称为饲料添加剂。

饲料添加剂习惯上分为两类,营养性饲料添加剂和非营养性饲料添加剂。

1. 营养性饲料添加剂

(1)维生素饲料添加剂 由于反刍瘤胃能够合成 B 族维生素和维生素 C,因此除犊牛外,一般无须额外补充。

①维生素 A 添加剂 高精料日粮或饲料贮存时间过长容易缺乏维生素 A,维生素 A 是肉牛日粮中最容易缺乏的维生素。维生素 A 的化合物名称为视黄醇,极易被破坏。制成维生素添加剂是先用醋酸或丙酸或棕榈酸进行酯化,提高它的稳定性,然后再用微囊技术把酯化了的维生素 A 包被起来,一方面保护它的活性;另一方面增加颗粒体积,便于在配合饲料中搅拌。

在以干秸秆为主要粗料,无青绿饲料时,每千克肉牛日粮干物质中需添加维生素 A 添加剂(含 20 万单位/克)14 毫克。

②维生素 D 添加剂 维生素 D 可以调节钙、磷的吸收。维生素 D 分为两种,另一种是维生素 D_2(麦角固化醇);一种是维生素 D_3(胆固化醇)。维生素 D_3 添加剂也是先经过醋酸的酯化,再用

微囊或吸附剂加大颗粒。维生素 D 添加剂的活性成分含量为 1 克中含有 500 000 单位或 200 000 单位。1 个单位相当于 0.025 微克结晶维生素 D_2 或维生素 D_3。

在以干秸秆为主要粗料,无青绿饲料时,育肥牛和种牛都需注意维生素 D_3 的供给,每千克肉牛日粮干物质中需添加维生素 D_3 添加剂(含 1 万单位/克)27.5 毫克。

③维生素 E 添加剂 维生素 E 也叫生育酚。维生素 E 能促进维生素 A 的利用,其代谢又与硒有协同作用,维生素 E 缺乏时容易造成白肌病。肉牛日粮中应该添加维生素 E,每千克肉牛日粮干物质中需添加维生素 E(含 20 万单位/克)0.38～3 克。

(2)微量元素添加剂 肉牛常需要补充的微量元素有 7 种,即铁、铜、锰、锌、碘、硒、钴。微量元素的应用开发经历了 3 个阶段,即无机盐阶段、简单的有机化合物阶段和氨基酸螯合物阶段。目前,我国常用的微量元素添加剂主要还是无机盐类。微量元素添加剂及其元素含量、可利用性见表 4-4。

表 4-4 微量元素添加剂及其元素含量

添加剂	含量(%)	可利用率(%)
铁:一水硫酸亚铁	30.0	100
七水硫酸亚铁	20.0	100
碳酸亚铁	38.0	15～80
铜:五水硫酸铜	25.2	100
无水硫酸铜	39.9	100
氯化铜	58	100
锰:一水硫酸锰	29.5	100
氧化锰	60.0	70
碳酸锰	46.4	30～100

续表 4-4

添加剂	含量（%）	可利用率（%）
锌：七水硫酸锌	22.3	100
一水硫酸锌	35.5	100
碳酸锌	56.0	100
氧化锌	48.0	100
碘：碘化钾	68.8	100
碘酸钙	59.3	—
硒：亚硒酸钠	45.0	100
钴：七水硫酸钴	21.0	100
六水氯化钴	24.3	100

数据来源：2002《中国饲料》。

微量元素氨基酸螯合物是指以微量元素离子为中心原子，通过配位键、共价键或离子键同配体氨基酸或低分子肽键合成的复杂螯合物。微量元素氨基酸螯合物稳定性好，具有较高的生物学效价及特殊的生理功能。

研究表明，微量元素氨基酸螯合物能使被毛光亮，并且能治疗肺炎、腹泻。用氨基酸螯合锌、氨基酸螯合铜加抗坏血酸饲喂小牛，可以治疗小牛沙门氏菌感染。试验表明，黄牛的日粮中每天添加 500 毫克蛋氨酸锌，增重比对照组提高 20.7%。

日粮中添加微量元素除了要考虑微量元素的化合物形式，还要考虑各种微量元素之间存在的拮抗和协同的关系。如日粮中锰的含量较低时会造成动物体内硒水平的下降；日粮中钴、硫的含量与动物体内硒的含量呈负相关。

（3）氨基酸添加剂　蛋白质由 22 种氨基酸组成，对肉牛来说，最关键的 5 种限制性氨基酸为赖氨酸、蛋氨酸、色氨酸、精氨酸、胱氨酸。而赖氨酸和蛋氨酸是我国应用最多的氨基酸添加剂。

①赖氨酸添加剂 常用的赖氨酸添加剂为 L-赖氨酸盐酸盐，化学名称为 L-2,6-二氨基己酸盐酸盐。本品为白色或淡褐色粉末，易溶于水，无味或稍有异味。

②蛋氨酸添加剂 蛋氨酸的产品有 3 种，即 DL-蛋氨酸、羟基类蛋氨酸钙和 N-羟甲基蛋氨酸钙。羟基类蛋氨酸钙是 DL-蛋氨酸合成中其氨基由羟基所替代的一种产品，作用和功能与蛋氨酸相同，使用方便，同时适用于反刍动物。一般蛋氨酸在瘤胃微生物作用下会脱氨基而失效，而羟基类蛋氨酸钙只提供碳架，本身并不发生脱氨基作用；瘤胃中的氨能作为氨基的来源，使其转化为蛋氨酸。N-羟甲基蛋氨酸钙又称保护性蛋氨酸，具有过瘤胃的性能，适用于反刍动物。

2. 非营养性添加剂 本类添加剂对动物没有营养作用，但是可以通过防治疫病、减少饲料贮存期饲料变质、促进动物消化吸收等作用来达到促进动物生长，提高饲料报酬。常用的有以下几种。

(1)莫能菌素钠 又称瘤胃素，是由链霉素产生的一种聚醚类抗生素。最初，人们用它作抗球虫药，后来发现对肉牛增重有益。瘤胃素的作用主要是通过减少甲烷气体能量损失和饲料蛋白质降解、脱氨损失、控制和提高瘤胃发酵效率，从而提高增重速度及饲料转化率。用量：肉牛每千克日粮 30 毫克或每千克精料混合料 40～60 毫克。

(2)微生物饲料添加剂 微生物饲料添加剂是用来调整动物胃肠道生态失衡或保持微生态平衡，从而增进动物健康水平的微生物制品。微生物添加剂可以防止畜禽肠道致病菌的侵入，并且可以在消化道内产生多种杀菌物质，有些微生物还可以防止毒性胺的产生。

开食料中使用的微生态制剂主要为乳酸杆菌、肠球菌、双歧杆菌和酵母培养物，有的也添加米曲霉提取物，这些微生物能促进幼龄反刍动物瘤胃发育、调节胃肠道 pH 值和提早断奶。

反刍动物饲喂高精料日粮易引起瘤胃 pH 值降低,造成瘤胃功能障碍,添加微生态制剂可以提高乳酸的利用率,使瘤胃 pH 值升高。

(3)酶 酶是活体细胞产生的具有特殊催化功能的蛋白质,是促进生物化学反应的高效生物活性物质。可消除肉牛日粮中抗营养因子的主要酶种为淀粉酶、蛋白酶、非淀粉多糖酶(纤维素酶、半纤维素酶、果胶酶)。

复合酶制剂由一种或几种单一酶制剂为主体,加上其他单一酶制剂混合而成,或由一种或几种微生物发酵获得。复合酶制剂可以同时降解饲粮中多种需要降解的抗营养因子和多种养分,可最大限度地提高饲料的营养价值。

(4)寡糖 寡糖亦称低聚糖,是指由 2~10 个单糖以糖苷键连接形成的具有直链或支链的低度聚合糖类的总称。寡糖能促进有益菌(如双歧杆菌)的增殖,吸附肠道病原菌,提高动物免疫力。目前,研究、应用最多的是果寡糖(FOS)、反式半乳糖(TOS)和大豆寡糖。与酶制剂、微生物制剂相比,低聚糖结构稳定,不存在贮藏、加工过程中的失活问题。

(5)缓冲剂 缓冲剂是一类能增强溶液酸碱缓冲能力的化学物质,可调节瘤胃 pH 值,有益于消化纤维细菌的生长,提高有机物消化率和细菌蛋白的合成。

①碳酸氢钠 主要作用是调节瘤胃酸碱度,增进食欲,提高牛体对饲料消化率以满足生产需要。用量一般占精料混合料的 1%~1.5%,添加时可采用每周逐渐增加(0.5%、1%、1.5%)喂量的方法,以免造成初期突然添加使采食量下降。

②氧化镁 主要作用是维持瘤胃适宜的酸度,增强食欲,增加日粮干物质采食量,有利于粗纤维和糖类消化。用量一般占精料混合料的 0.75%~1%,或占整个日粮干物质的 0.3%~

0.5%。氧化镁与碳酸氢钠混合使用效果更好,碳酸氢钠与氧化镁合用比例以 2～3：1 较好。

添加碳酸氢钠,应相应减少食盐的喂量,以免钠食入过多,但应同时注意补氯。

二、饲料的配制原则及配方设计

根据牛的不同生长阶段、不同生理需求、不同生产用途以及饲料营养价值评定为基础,按照科学配方把不同饲料原料,依一定比例均匀混合,并按规定的工艺流程生产以满足各种实际需要的饲料称为配合饲料。根据配合饲料的用途和营养成分分为全价配合饲料、精料混合料、浓缩饲料和添加剂预混料。

肉牛全价配合饲料简称配合饲料,是根据肉牛不同生理阶段(生长、妊娠、哺乳、空怀、配种、育肥)和不同生产水平对各种营养成分的需要量,把多种饲料原料和添加成分按照规定的加工工艺配制成均匀一致、营养价值完全的饲料产品。主要由粗饲料(秸秆、干草、青贮等)、精饲料(能量饲料、蛋白质饲料)、矿物质饲料,以及各种饲料添加剂组成,其营养全面,饲养效果好。

精料补充料是反刍动物特有的饲料,是肉牛全价配合饲料去除粗饲料部分,剩余的部分主要由能量饲料、蛋白质饲料、矿物质饲料和添加剂预混料组成,使用时应另喂粗饲料。但由于各地肉牛粗饲料品种、质量等相差很大,不同季节使用的粗饲料也不同,因此精料补充料应根据粗饲料的变化来调整配方。

浓缩饲料是指蛋白质饲料、矿物质饲料(钙、磷和食盐)和添加剂预混料按一定比例配制而成的均匀混合物。饲喂前按标定含量配一定比例的能量饲料(主要是玉米、麸皮等),就是精料补充料。

添加剂预混料是由一种或多种营养性添加剂和非营养性添

加剂组成,并以某种载体或稀释剂按一定比例配制而成的均匀混合物。它是一种不完全饲料,不能单独直接喂肉牛。

(一)饲料的配制原则

肉牛饲料配制过程中涉及许多因素,为了实现各种饲料资源最佳搭配,使肉牛日粮科学营养、安全可靠、经济合理,饲料配制过程中需要遵循以下原则:

1. 以饲料标准为基础,结合当地情况灵活应用 根据肉牛饲养标准所规定的营养物质需要量的指标进行配方设计,并根据牛的生长或生产性能、膘情或气候条件以及有无应激进行适当的调整。熟悉当地饲料资源现状,根据饲料资源品种、数量以及各种饲料理化特性和饲用价值,平衡日粮。

2. 以经济性为本,因地制宜,降低成本 充分利用当地的饲料资源,因地制宜,就地取材,充分利用当地农副产品,降低饲养成本。

3. 适宜的日粮体积、干物质含量及精粗比 日粮配合要求能满足肉牛需求,使牛吃得下、吃得饱且能满足营养需求。肉牛属草食动物,应以粗饲料为主,搭配少量精料补充料;要根据牛的消化生理特点,调整粗饲料和精饲料的比例,实现健康养殖。

4. 日粮组成应该多样化 注意营养的全面与完善,尽量达到原料多样化,彼此取长补短。此外,肉牛对饲料的色、香、味反应敏捷,色香味好饲料肉牛采食量大,提高配合日粮的适口性直接影响肉牛的采食量,从而提高肉牛生产性能。特别注意犊牛和妊娠母牛日粮配方中限制使用适口性较差的饲料。

5. 注意饲料安全性 饲料的配制严格符合国家法律法规和条例,要综合考虑产品对生态环境和其他生物的影响,减少肉牛粪便以及其他废弃物中氮、磷、药物等对人类和生态环境的不利影响。

6. 逐级混合的原则 凡是饲料配方中用量少于 1% 的原料，要进行预混合处理。混合不均匀可能造成肉牛消化率低，生产性能受阻，甚至死亡。

（二）饲料配方设计

日粮配合主要是设计各种饲料原料的用量和比例。目前，常采用的饲料配方设计方法主要有手工计算和电子计算机设计两大类。

1. 手动计算

（1）四角法 又称四边法。本方法只适合 2～3 种饲料，简单易行，适合初学者使用。一般计算两种原料、一种营养水平之间的配比关系，如求浓缩饲料与能量饲料比例用此法最快。

例如，配制体重 350 千克的育肥牛育肥期饲料配方，配合饲料要求粗蛋白质水平为 11%，蛋白质饲料为浓缩饲料，能量饲料为玉米，粗饲料为玉米秸秆的混合物。步骤如下：

第一步：

①画一方形图，在图中央写上所要配的精料混合料的粗蛋白质含量 15%，方形图左上角和左下角分别是玉米和浓缩料蛋白质含量。

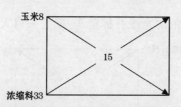

②画四角形的对角线并标箭头，顺箭头以大数减小数计算。

③上面计算出的差数分别除以二差数之和,就得出两种饲料的百分比,其计算如下:

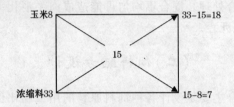

$$玉米应占的比例 = \frac{18}{18+7} \times 100\% = 72\%$$

$$浓缩料应占的比例 = \frac{7}{18+7} \times 100\% = 28\%$$

第二步:

①画一方形图,在图中央写上所要配的日粮的粗蛋白质含量11%,方形图左上角和左下角分别是玉米+浓缩料精料混合料和玉米秸秆蛋白质含量。

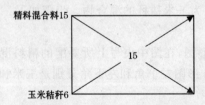

②画四角形的对角线并标箭头,顺箭头以大数减小数计算。

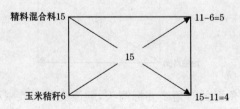

③上面计算出的差数分别除以二差数之和,就得出两种饲料的百分比,其计算如下:

$$精料混合料应占的比例 = \frac{5}{5+4} \times 100\% = 55.6\%$$

$$玉米秸秆应占的比例 = \frac{4}{5+4} \times 100\% = 44.4\%$$

(2)试差法 又称加减法、凑数法,是根据营养标准、原料情况以及实践经验先粗略地编制一个配方,然后再对照营养标准,按多去少补的原则,反复对照,反复计算,逐一调整,直到所有营养指标都符合或接近营养标准要求为止的一种方法,是最原始的、最基本的配制方法,学会了此法就可以逐步深入,掌握各种配制技术。这种方法道理简单,容易掌握,目前在生产实践中广泛应用。但计算比较烦琐,尤其对初学或经验少的人来说,往往要花费很多时间(试差法结合电子计算机计算,其计算也很方便)。具体方法如下:

例一:配制 400 千克的生长育肥牛的饲料,预期日增重为 1.1 千克,原料为玉米、麦麸、棉籽粕、石粉、食盐。

①查饲养标准 见表 4-5。

表 4-5 体重 400 千克、日增重 1.1 千克肉牛营养需要

干物质 (千克)	肉牛能量单位 (个)	蛋白质 (克)	钙 (克)	磷 (克)
8.87	6.74	895	35	21

②查饲料营养成分表 见表 4-6。

表 4-6　饲料营养成分表　（干物质基础）

饲　料	干物质 （%）	肉牛能量单位 （个）	粗蛋白质 （%）	钙 （%）	磷 （%）
玉米青贮	22.7	0.54	7.0	0.10	0.06
玉　米	88.4	1.13	9.2	0.20	0.16
麦　麸	88.6	0.82	15.6	0.20	0.88
棉籽粕	89.2	0.92	35.2	0.32	0.70
磷酸氢钙	—	—	—	23	16
石　粉	—	—	—	38	—

　　③确定精粗饲料的用量和比例　根据牛的体重和体况自行确定肉牛的精粗饲料比例为 50∶50，由 400 千克体重肉牛干物质需要量为 8.87 千克，因此需要青贮饲料提供的干物质量为 8.87×50%＝4.44 千克，根据粗饲料干物质的提供量求出粗饲料提供的各种养分量和需要精料提供的养分量（表 4-7）。

表 4-7　粗饲料提供的养分量

养分量	干物质 （千克）	肉牛能量 单位（个）	蛋白质 （克）	钙 （克）	磷 （克）
总需要量	8.87	6.74	895	35	21
4.44 千克粗饲料 提供养分量	4.44	2.40	308	4.4	2.64
精料需要提供量	4.43	4.34	587	31.6	18.36

　　④试配精料配方　试定各种精料用量，并计算出其养分含量（表 4-8）。

表 4-8　精饲料提供的养分量

饲料种类	用 量 (千克)	干物质 (千克)	肉牛能量 单位(个)	蛋白质 (克)	钙 (克)	磷 (克)
玉 米	3.2	2.83	3.2	260.25	5.66	4.53
麸 皮	0.7	0.62	0.51	96.75	1.24	5.46
棉籽粕	0.8	0.71	0.66	251.19	2.28	5.00
合 计	4.5	4.16	4.36	608.19	9.18	14.99
精料需要提供量	—	4.43	4.34	587	31.6	18.36
尚 缺	—	−0.27	+0.02	21.19	22.42	3.37

由表 4-8 可见干物质尚差 0.27 千克,在饲养实践中可适当增加青贮玉米饲喂量。日粮中的能量和粗蛋白质基本符合要求,尚需调整钙和磷的水平,用矿物质调整,磷不足的部分用磷酸氢钙补充,补充完磷之后用石粉补充钙。

磷酸氢钙的用量:$3.37 \div 0.16 = 21.06$ 克

石粉的用量:$(22.42 - 21.06 \times 0.23) \div 0.38 = 46.25$ 克

混合料中另外添加 1% 食盐,约合 0.04 千克。

⑤日粮配方百分比　见表 4-9。

表 4-9　育肥牛日粮组成

日 粮	青贮玉米 (千克)	玉 米 (千克)	麸 皮 (千克)	棉籽粕 (千克)	磷酸氢钙 (克)	石 粉 (克)	食 盐 (克)
干物质基础	4.44	3.2	0.7	0.8	21.06	46.25	40
饲喂基础	19.56	2.83	0.62	0.71	21.06	46.25	40
百分比(%)	—	66.32	14.53	16.64	0.49	1.08	0.94

此配方营养指标已合乎或接近标准,如不满意可继续调整、核算。此外,生产中实际生产中青贮玉米的饲喂量应增加 10% 的

安全系数。

2. 计算机设计 电子计算机配方设计需要相应的计算机和配方软件,通过线性规划原理,在极短的时间内,求出营养全价并且成本最低的最优日粮配方,适合规模化肉牛场应用。目前,使用较广泛的是 Excel 配方软件,它是在 Excel 的"规划求解"工具宏的基础上开发的一套实用配方计算工具,使用者倘若具有 Excel 应用基础,则可以很快地学会并熟练使用它进行配方的计算。也可以利用 Excel 编辑简单公式采用试差法快速计算配方。下面介绍一种简单常用的利用 MS-Office 中 Excel 软件配方设计方法,此法编辑一次公式后,以后只需按照实际情况修改某些饲料营养成分或添加(去除)某些饲料,即可快速编制育肥牛的饲料配方,快捷方便,精确可靠,并达到最低成本要求。

例如,为某育肥肉牛场配制 400 千克体重日增重 1 千克的育肥牛的饲料配方,原料有玉米青贮、玉米、麸皮、棉籽粕、DDGS、食盐、石粉、预混料(0.5%)等。具体步骤如下所示:

(1)构建饲料配方计算表 在 Excel 软件中编制如下表格(表 4-10)。

表 4-10　饲料配方计算 1

	A	B	C	D	E	F	G	H	I	J	K	L	M	N	O
1	营养成分	肉牛能量单位(个)	粗蛋白质(%)	钙(%)	总磷(%)	NDF(%)	ADF(%)	单价(元/千克)	配比(%)	DM(%)	精料配方(DM)	精料喂量	粗料喂量	精粗比	精料配方(风干)
2															
3															
4															
5															
6															

续表 4-10

	A	B	C	D	E	F	G	H	I	J	K	L	M	N	O
7															
8															
9															
10															
11															
12															

（2）填写饲料原料营养成分以及原料成本 见表 4-11。

表 4-11 饲料配方计算 2

	A 营养成分	B 肉牛能量单位（个）	C 粗蛋白质（%）	D 钙（%）	E 总磷（%）	F NDF（%）	G ADF（%）	H 单价（元/千克）	I 配比（%）	J DM（%）	K 精料配方（DM）	L 精料喂量	M 粗料喂量	N 精粗比	O 精料配方（风干）
2	玉 米	1.02	9.33	0.11	0.27	11.25	3.28	2.20		89.57					
3	麸 皮	0.72	17.63	0.29	1.28	39.61	12.48	1.40		87.467					
4	棉籽粕	0.74	43.73	0.26	1.13	17.00	10.00	3.00		92.37					
5	DDGS	0.72	29.95	0.22	1.10	45.00	24.00	1.80		91.79					
6	石 粉			36.14		0.00	0.00	0.20		100					
7	预混料					0.00	0.00	4.00		100					
8	小苏打					0.00	0.00	3.50		100					
9	食 盐					0.00	0.00	1.00		100					
10	青 贮	0.30	8.1	0.55	0.32	67.00	40.00	0.30		21					
11															
12															

(3)查饲养标准,确定营养需要 在12行饲养标准栏添上目标肉牛饲养标准(表4-12)。

表4-12 饲料配方计算3

	A	B	C	D	E	F	G	H	I	J	K	L	M	N	O
1	营养成分	肉牛能量单位(个)	粗蛋白质(%)	钙(%)	总磷(%)	NDF(%)	ADF(%)	单价(元/千克)	配比(%)	DM(%)	精料配方(DM)	精料喂量	粗料喂量	精粗比	精料配方(风干)
2	玉米	1.02	9.33	0.11	0.27	11.25	3.28	2.20		89.57					
3	麸皮	0.72	17.63	0.29	1.28	39.61	12.48	1.40		87.467					
4	棉籽粕	0.74	43.73	0.26	1.13	17.00	10.00	3.00		92.37					
5	DDGS	0.72	29.95	0.22	1.10	45.00	24.00	1.80		91.79					
6	石粉			36.14		0.00	0.00	0.20		100					
7	预混料					0.00	0.00	4.00		100					
8	小苏打					0.00	0.00	3.50		100					
9	食盐					0.00	0.00	1.00		100					
10	青贮	0.30	8.1	0.55	0.32	67.00	40.00	1.20		21					
11	营养水平														
12	饲养标准	0.74	12.00	0.65	0.35										

(4)列出经验配方 根据经验在 J 列添上配方大致配比(表 4-13)。

表 4-13　饲料配方计算 4

	A	B	C	D	E	F	G	H	I	J	K	L	M	N	O
1	营养成分	肉牛能量单位(个)	粗蛋白质(%)	钙(%)	总磷(%)	NDF(%)	ADF(%)	单价(元/千克)	配比(%)	DM(%)	精料配方(DM)	精料喂量	粗料喂量	精粗比	精料配方(风干)
2	玉　米	1.02	9.33	0.11	0.27	11.25	3.28	2.20	54.50	89.57					
3	麸　皮	0.72	17.63	0.29	1.28	39.61	12.48	1.40	2.33	87.467					
4	棉籽粕	0.74	43.73	0.26	1.13	17.00	10.00	3.00	7.20	92.37					
5	DDGS	0.72	29.95	0.22	1.10	45.00	24.00	1.80	5.80	91.79					
6	石　粉		36.14			0.00	0.00	0.20	1.10	100					
7	预混料					0.00	0.00	4.00	0.40	100					
8	小苏打					0.00	0.00	3.50	1.10	100					
9	食　盐					0.00	0.00	1.00	0.40	100					
10	青　贮	0.30	8.1	0.55	0.32	67.00	40.00	0.30	27.17	21					
11	营养水平								100						
12	饲养标准	0.74	12.00	0.65	0.35										

(5)计算配方 在列出经验配方的基础上,在第 11 行相应位置利用 SUMPRODUCT 函数编辑计算公式计算出配方的营养水平(表 4-14)。

肉牛能量单位=SUMPRODUCT(B2：B11,I2：I 11)/100;

粗蛋白质(%)＝SUMPRODUCT(C2：C11,I2：I 11)/100；

钙(%)＝SUMPRODUCT(D2：D11,I2：I 11)/100；

磷(%)＝SUMPRODUCT(E2：E11,I2：I 11)/100；

NDF(%)＝SUMPRODUCT(F2：F11,I2：I 11)/100；

ADF(%)＝SUMPRODUCT(G2：G11,I2：I 11)/100；

单价(元/千克)＝SUMPRODUCT(H2：H11,I2：I 11)/100。

表 4-14　饲料配方计算 5

	A	B	C	D	E	F	G	H	I	J	K	L	M	N	O
1	营养成分	肉牛能量单位(个)	粗蛋白质(%)	钙(%)	总磷(%)	NDF(%)	ADF(%)	单价(元/千克)	配比(%)	DM(%)	精料配方(DM)	精料喂量	粗料喂量	精粗比	精料配方(风干)
2	玉米	1.02	9.33	0.11	0.27	11.25	3.28	2.20	54.50	89.57					
3	麸皮	0.72	17.63	0.29	1.28	39.61	12.48	1.40	2.33	87.467					
4	棉籽粕	0.74	43.73	0.26	1.13	17.00	10.00	3.00	7.20	92.37					
5	DDGS	0.72	29.95	0.22	1.10	45.00	24.00	1.80	5.80	91.79					
6	石粉			36.14		0.00	0.00	0.20	1.10	100					
7	预混料					0.00	0.00	4.00	0.40	100					
8	小苏打					0.00	0.00	3.50	1.10	100					
9	食盐					0.00	0.00	1.00	0.40	100					
10	青贮	0.30	8.1	0.55	0.32	67.00	40.00	0.30	27.17	21					
11	营养水平	0.75	12.65	0.65	0.41	28.95	14.98	1.93	100						
12	饲养标准	0.74	12.00	0.65	0.35										

由计算可知,肉牛能量单位比饲养标准高 0.1,粗蛋白质高

0.65％,因此要进一步调整配方。

(6)调整配方 见表4-15。

表 4-15　饲料配方计算6

	A	B	C	D	E	F	G	H	I	J	K	L	M	N	O
1	营养成分	肉牛能量单位(个)	粗蛋白质(%)	钙(%)	总磷(%)	NDF(%)	ADF(%)	单价(元/千克)	配比(%)	DM(%)	精料配方(DM)	精料喂量	粗料喂量	精粗比	精料配方(风干)
2	玉　米	1.02	9.33	0.11	0.27	11.25	3.28	2.00	54.50	89.57					
3	麸　皮	0.72	17.63	0.29	1.28	39.61	12.48	1.40	2.33	87.467					
4	棉籽粕	0.74	43.73	0.26	1.13	17.00	10.00	3.00	6.20	92.37					
5	DDGS	0.72	29.95	0.22	1.10	45.00	24.00	1.80	5.80	91.79					
6	石　粉			36.14		0.00	0.00		1.10	100					
7	预混料					0.00	0.00	4.00	0.40	100					
8	小苏打					0.00	0.00	3.50	1.10	100					
9	食　盐					0.00	0.00		0.40	100					
10	青　贮	0.30	8.1	0.55	0.32	67.00	40.00	1.20	28.17	21					
11	营养水平	0.74	12.23	0.65	0.40	29.58	15.35	1.92	100.00						
12	饲养标准	0.74	12.00	0.65	0.35										

由于能量和蛋白质不满足要求,在经验配方的基础上,豆粕从7.2％降低为6.2％,青贮饲料从27.17％增加到28.17％。日粮肉牛能量单位为0.74,蛋白质为12.23％,钙和磷能满足需求。电子计算机会利用已经编辑的公式重新计算营养水平,得到上述

结果。

(7)计算精饲料配方和粗饲料的喂量 见表4-16。

表4-16 饲料配方计算7

	A	B	C	D	E	F	G	H	I	J	K	L	M	N	O
1	营养成分	肉牛能量单位(个)	粗蛋白质(%)	钙(%)	总磷(%)	NDF(%)	ADF(%)	单价(元/千克)	配比(%)	DM(%)	精料配方(DM)	精料喂量	粗料喂量	精粗比	精料配方(风干)
2	玉米	1.02	9.33	0.11	0.27	11.25	3.28	2.20	54.50	89.57	75.87	5.48			76.50
3	麸皮	0.72	17.63	0.29	1.28	39.61	12.48	1.40	2.33	87.467	3.20	0.24			3.35
4	棉籽粕	0.74	43.73	0.26	1.13	17.00	10.00	3.00	6.20	92.37	8.63	0.60			0.00
5	DDGS	0.72	29.95	0.22	1.10	45.00	24.00	1.80	5.80	91.79	8.07	0.57			8.44
6	石粉			36.14		0.00	0.00	0.20	1.10	100	1.53	0.10			7.94
7	预混料					0.00	0.00	4.00	0.40	100	0.60	0.04			1.38
8	小苏打					0.00	0.00	3.50	1.10	100	1.53	0.10			0.50
9	食盐					0.00	0.00	1.00	0.40	100	0.56	0.04			1.38
10	青贮	0.30	8.1	0.55	0.32	67.00	40.00	1.20	28.17	21			11.54		
11	营养水平	0.74	12.23	0.65	0.40	29.58	15.35	1.92	100.00		100			72/28	100
12	饲养标准	0.74	12.00	0.65	0.35										

①计算精饲料配方(干物质基础) 在 K 列计算干物质基础的精料配方,利用 SUM 函数计算日粮中精料的加权值,再用每一种原料在日粮中所占比例除以精饲料总的加权值得到精饲料配方。编辑计算程序如下:

玉米百分比[K2]＝I2/SUM(I2：I9)×100；

麸皮百分比[K3]＝I3/SUM(I2：I9)×100；

棉籽粕百分比[K4]＝I4/SUM(I2：I9)×100；

DDGS百分比[K5]＝I5/SUM(I2：I9)×100；

石粉百分比[K6]＝I6/SUM(I2：I9)×100；

预混料百分比[K7]＝I7/SUM(I2：I9)×100；

小苏打百分比[K8]＝I8/SUM(I2：I9)×100；

食盐百分比[K9]＝I9/SUM(I2：I9)×100；

②计算精饲料用量（风干基础） 查饲料标准可知，400千克体重，日增重为1千克/天的肉牛干物质的采食量为8.6千克。

精饲料用量（风干基础）＝∑[干物质采食量×每种原料百分比（DM基础）/原料干物质百分比]，在L列编辑公式如下：

玉米用量[L2]＝8.6×I2//K2；

麸皮用量[L3]＝8.6×I3//K3；

棉籽粕用量[L4]＝8.6×I4//K4；

DDGS用量[L5]＝8.6×I5//K5；

石粉用量[L6]＝8.6×I6//K6；

预混料用量[L7]＝8.6×I7//K7；

小苏打用量[L8]＝8.6×I8//K8；

食盐用量[L9]＝8.6×I9//K9；

③计算精饲料配方（风干基础） 计算精饲料配方（风干基础）＝原料风干基础用量/精饲料用量（风干基础）×100，在O列编辑公式如下：

玉米百分比[O2]＝L2/SUM(L2：L9)×100；

麸皮百分比[O3]＝L3/SUM(L2：L9)×100；

棉籽粕百分比[O4]＝L4/SUM(L2：L9)×100；

DDGS 百分比[O5]=L5/SUM(L2：L9)×100；

石粉百分比[O6]=L6/SUM(L2：L9)×100；

预混料百分比[O7]=L7/SUM(L2：L9)×100；

小苏打百分比[O8]=L8/SUM(L2：L9)×100；

食盐百分比[O9]=L9/SUM(L2：L9)×100；

④计算粗饲料喂量（饲喂状态）

M 列粗饲料喂量（饲喂状态）＝干物质采食量/日粮比例
[M10]/干物质含量＝8.6 千克×28.17%/21%＝11.54 千克

(8)检验 经过上述一系列的运算，配合饲料的配方比例已经确定，但能否达到设计要求，可以用以下方法来检查。

依据实际饲喂效果检验

适口性：考察肉牛饲料采食量能否达到要求。

增重速度：通过肉牛个体体重检验本次饲料配方育肥牛增重速度，判断饲料配方的可用性。

经济性：通过肉牛增重和饲料消耗量计算肉牛增重的饲料成本，判断饲料配方的经济实用性。

通过验证进一步调整配方，使配方更合理完善，经济实惠。

（三）肉牛日粮精粗比的确定

日粮精粗比是指日粮中精饲料和粗饲料的比例。高精料日粮能为肉牛提供更多的营养物质，特别是在强度育肥的情况下，增加日粮中精料比例可以在一定程度上提高肉牛的生产性能。然而日粮精粗比并不是越高越好，盲目提高反而会对肉牛的健康造成不利影响，导致肉牛的生产性能无法达到最佳水平，甚至出现各种营养代谢疾病。因此，合适的日粮精粗比在肉牛标准化养殖生产中至关重要。

肉牛不同的育肥方式，不同体重阶段适宜的精粗比不同。表 4-17 列出了不同育肥方式适宜的精粗比例，供参考。

表 4-17　肉牛育肥日粮适宜的精粗比推荐值

育肥方式	育肥阶段	时　间	精料比例	粗料比例
直线育肥	育肥前期	180 天	25～35	65～75
	育肥中期	200 天	40～55	45～65
	育肥后期	120 天	60～75	25～45
短期育肥	过渡期	15 天	40	60
	育肥前期	60 天左右	60～70	30～40
	育肥后期	45 天左右	80	20

第五章 肉牛的饲养管理与育肥技术

一、繁殖母牛的饲养管理技术

（一）繁殖母牛的饲养方式

　　繁殖母牛的任务是每年生育一头具有本品种特点的优良犊牛作为扩大或维持生产的后备牛，多余的犊牛提供给育肥群。肉用繁殖母牛的饲养方式主要有两种，即放牧饲养和舍饲饲养。

　　1. 放牧饲养

　　(1) 放牧饲养的优点　节约饲料、节省人力和相关饲养设备，总的饲养成本低，而且放牧行走有利于提高母牛和犊牛的体质，提升牛的免疫力。

　　(2) 放牧饲养的缺点　由于践踏放牧地或草地，故对牧草的利用率较低，受外界环境影响大，还受体质和性情的影响，采食量有差别，在冬季因牧草干枯、气候寒冷，游牧行走使饲养效果降低，合理放牧能最大限度地降低这些不利因素的干扰。放牧饲养不易规模化、规范化管理。

　　(3) 管理要点　牛群组成应按放牧地产草量、地形地势而定，一般以 50～200 头为宜，并应该考虑妊娠、哺乳、年龄等生理因素组织牛群，妊娠后期和哺乳的牛应放牧于牧草较好、距离牛舍较近的地方。每天放牧时间随牧草的质与量从 7 小时至全天。放牧地载畜量随着牧草产量而变化，在保证吃饱基础上控制牛采食行进的速度,以免把草践踏坏,也不应停留时间太长,否则造成放牧地采食过度。放牧母牛要补充食盐,但不能集中补,以2~3天补1次为好,一般每天每牛20~40克,最好在圈舍放置食盐和微量元素舔砖。

①春季放牧 春季开始放牧的10天左右要避免跑青和践踏放牧地,要等待牧草高于10厘米或禾本科牧草开始拔节时放牧。在人工草地或牧草丰盛的草地放牧时,通过控制放牧时间来控制采食量,或者补充干草等方法,逐渐增加放牧时间,以免发生消化系统紊乱、腹泻、臌胀、缺镁和缺磷等症状,还要注意阴坡草与阳坡草的差别。

②夏季放牧 夏季牧草生长得最茂盛,营养价值也最高,若能采食充分,各种不同生理阶段的牛都能从牧草中得到足够的营养。此时,应到远离村庄的地方放牧,来回行走超过3千米时,可以在放牧地靠近水源处建立临时牛圈,以便减少行走所消耗的营养。牛怕热,喜欢凉爽,当气温超过27℃时开始产生热应激,牛的采食和消化开始降低。如果白天气温超过35℃,会严重影响牛的采食、消化和健康。因此,白天可在阴坡或林间放牧,以便牛休息和纳凉,并注意夜间放牧。夏季要充分利用远山、高山和阴坡放牧。

③秋季放牧 秋季气温逐渐降低,牧草的营养向种子转移,而牧草茎叶所含营养逐日下降。由于气候逐渐凉爽,牛的食欲增加,消化器官功能提高,要充分利用这个时期的特点,让牛充分采食,抓好秋膘,以利过冬。放牧地也应随天气变化逐渐从阴坡转向阳坡,并逐渐向村庄靠近。当年出生的4月龄以上的犊牛(视生长发育是否正常)陆续断奶,从母牛群中分出另组牛群,使其习惯独立生活,也利于补料。断奶时间不要拖到冬天,否则对犊牛和母牛的健康都不利。秋天正是农作物收获的季节,可利用鲜玉米秸、鲜高粱秸、甘蔗尾梢和叶等制作青贮饲料,注意收集秸秆和

农副产品作为冬季饲草贮备。

④冬季放牧 除我国华南地区冬季气候温和尚宜放牧之外，北方冬季气温低而风大，牛在野外体热散失很多，而且野草已枯萎，营养价值低，牛单靠牧食难以满足所需的营养，因而很快减重。枯草期超过 60 天的北方地区，冬季最好不要放牧。冬季不得不放牧的缺草地区，不宜去风大的高山、陡坡和阴坡，应该在有草的向阳缓坡、平地和谷地等暖和的地方放牧。白天迟些出牧，早点收牧，晚间在牛圈补喂秸秆，并按不同生理、营养需要补喂精料。遇严寒、大风和下雪天应停牧舍饲。冬季补饲要注意补充含粗蛋白质和维生素 A（或胡萝卜素）丰富的饲草料，可适当饲喂尿素代替蛋白质饲料，降低成本。

(4)放牧饲养应注意的问题 放牧地离牛圈最远不超过 3 千米，超过时应在放牧地配置临时牛圈。临时牛圈可充分利用自然条件，因地制宜修建，以实用、造价低为原则。应注意避开泾流、悬崖边、崖下、低洼地和雷击区，以免雷雨天发生意外。还要便于排水，以免圈内潮湿泥泞，影响牛只健康。冬、春季节的牛圈应在背风向阳处修建。为了减少牧草资源的浪费，可采取综合配套放牧技术，如采取分区轮回放牧和围栏条牧等方法。分区轮牧可使放牧地得到休养，给牧草的恢复生长提供机会，较均匀地提供牧草。对于质量较好的放牧地，采用围栏条牧。雨天放牧要避开陡坡、悬崖边和悬崖下，以免滑坡及坍塌的危险。出牧和回牧都不要驱赶过急，特别是归牧路上，速度控制在 1.1 米/秒，在险道上控制好爱顶架的牛（让其走在最前），让瘦弱牛、妊娠后期和带犊牛走慢些，避免发生滚坡事件。春末夏初是牛发情较为集中的时期，牛群放牧地应与人工授精站或交通线靠近，以便及时给发情牛输精。采用本交繁殖的牛群，可按每 30 头母牛配备 1 头公牛的比例组群，繁殖季节过后应把公牛分开饲喂。放牧人员应随身携带雨具和少量常用药品等。春天开始放牧时还应带套管针、抑

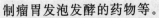

制瘤胃发泡发酵的药物等。

牧草质量较差或冬、春枯草季节,放牧吃不饱时,可采用舍饲办法或放牧加补饲的办法。缺少放牧地的平原农业区,牛群可采取舍饲办法。

2. 舍饲饲养

(1)舍饲饲养的优点　可提高饲草的利用率,不受外界气候和环境的影响,使牛拥有能抗御恶劣条件的环境;能按技术要求调节牛的采食量,使牛群生长发育均匀;可以合理安排牛床能避免牛之间的角斗;便于实现机械化、规模化饲养,提高劳动效率。

(2)舍饲饲养的缺点　需要大量饲料、设备与人力,饲养成本高,牛由于缺乏运动或厩舍空气差而使牛体质较弱。

(3)管理要点　按照母牛不同生理阶段进行分群、日粮配合。加强日常管理,严禁拴系饲养,可采取散放或定时上槽,给牛群以一定面积的运动场地,让牛能活动,有利于提高体质。尽可能让牛自由采食、自由饮水,气温较低时,一定要饮20℃以上的温水。肉牛圈舍一般不做特别要求,冬季要求能防寒,防止结冰,夏天防雨、防冰雹、防暴晒,并以有产房为好,有利于犊牛和母牛的健康,减少疾病传播。

(二)繁殖母牛的饲养管理技术

1. 育成牛的饲养管理　育成牛指断奶后到配种前的母牛。计划留作种用的后备母犊牛应在4~6月龄时选出,要求生长发育好、性情温驯、增重快。但留种用的牛不得过肥,应该具备结实的体质。此阶段发病率较低,比较容易饲养管理。但如果饲养管理不善,营养不良造成中躯和体高生长发育受阻,到成年时在体重和体型方面无法完全得到补偿,会影响其生产性能潜力的充分发挥。

(1)育成牛的生长发育特点 育成牛随着年龄的增长,瘤胃功能日趋完善,12月龄左右接近成年水平,正确的饲养方法有助于瘤胃功能的完善。此阶段是牛的骨骼、肌肉发育最快时期,体型变化大。7～12月龄期间是增长强度最快阶段,生产实践中必须利用好这一特点。如前期生长受阻,在这一阶段加强饲养,可以得到部分补偿。6～9月龄时,卵巢上出现成熟卵泡,开始发情排卵,性成熟一般在12月龄或更晚,体成熟一般在14～18月龄。

(2)育成牛的饲养 为了增加消化器官的容量,促进其充分发育,育成牛的饲料应以粗饲料和青贮饲料为主,适当补充精料。

①舍饲育成牛的饲养

断奶以后的育成牛:采食量逐渐增加,但应特别注意控制精料饲喂量,每头每日不应超过2千克;同时,要尽量多喂优质青粗饲料,以更好地促使其向适于繁殖的体型发展。3～6月龄可参考的日粮配方:精料2千克,干草1.4～2.1千克或青贮饲料5～10千克。

7～12月龄的育成牛:利用青粗饲料能力明显增强。该阶段日粮必须以优质青粗饲料为主,每天的采食量可达体重的7%～9%,占日粮总营养价值的65%～75%。此阶段结束,体重可达250千克以上。混合精料配方参考如下:玉米46%,麸皮31%,高粱5%,大麦5%,酵母粉4%,叶粉3%,食盐2%,磷酸氢钙4%。日喂量:混合料2～2.5千克,青干草0.5～2千克,玉米青贮10～12千克。

13～18月龄:为了促进性器官的发育,其日粮要尽量增加青贮、块根、块茎饲料。其比例可占到日粮总量的85%～90%。但青粗饲料品质较差时,要减少其喂量,适当增加精料喂量。

此阶段正是育成牛进入体成熟的时期,生殖器官和卵巢的内分泌功能更趋健全,若发育正常在14～18月龄及以上、体重可达成年牛的70%～75%时即可进行第一次配种,但发育不好或体重达不到这个标准的育成牛,不要过早配种,否则对牛本身和胎儿的发育均有不良影响。此阶段消化器官的发育已接近成熟,要保持营养适中,不能过于丰富也不能营养不良,否则过肥不易受胎或造成难产;过瘦使发育受阻,体躯狭浅,延迟其发情和配种。

混合精料可参考以下配方:配方一,玉米 40%、豆饼 26%、麸皮 28%、尿素 2%、食盐 1%、预混料 3%;配方二,玉米 33.7%、葵花籽饼 25.3%、麸皮 26%、高粱 7.5%、碳酸钙 3%、磷酸氢钙 2.5%、食盐 2%。饲喂量:精料补充料 2～2.5 千克,玉米青贮 13～20 千克,羊草 2.5～3.5 千克,甜菜(粉)渣 2～4 千克。

18～24 月龄:一般母牛已配种妊娠。育成牛生长速度减小,体躯显著向深宽方向发展。初孕到分娩前 2～3 个月,胎儿日益长大,胃受压,从而使瘤胃容积变小,采食量减少,这时应多喂一些易于消化和营养含量高的粗饲料。日粮应以优质干草、青草、青贮料和多汁饲料及氨化秸秆作基本饲料,根据初孕牛的体况,每日可补喂含维生素、钙磷丰富的配合饲料 1～2 千克。这个时期的初孕牛体况不宜过肥。

②放牧 对周岁内的小牛宜近牧或放牧于较好的草地上。冬、春季应采用舍饲。

育成母牛,如有放牧条件,应以放牧为主。放牧青草能吃饱时,每天增重可达 400～500 克,通常不必回圈补饲。青草返青后开始放牧时,嫩草含水分过多,能量及镁缺乏,必须每天在圈内补饲干草或精料,补饲时机最好在牛回圈休息后夜间进行。夜间补饲不会降低白天放牧采食量。补饲量应根据牧草生长情况而定。冬末春初每头育成牛每天应补 1 千克左右配合料,每天喂给 1 千克胡萝卜或青干草,或者 0.5 千克苜蓿干草。

③育成牛的管理

分群:犊牛断奶后根据性别和年龄情况进行分群。首先是公、母分开饲养,因为公、母牛的发育和对饲养管理条件的要求不同;分群时同性别内年龄和体格大小应该相近,月龄差异一般不应超过2个月,体重差异不高于50千克。

加强运动:在舍饲条件下,青年母牛每天应至少有2小时以上的运动,一般采取自由运动。在放牧的条件下,运动时间一般足够。加强育成牛的户外运动,可使其体壮胸阔,心肺发达,食欲旺盛。如果精料过多而运动不足,容易发胖,早熟早衰,利用年限短。

刷拭和调教:为了保持牛体清洁,促进皮肤代谢和养成温驯的气质,育成牛每天应刷拭1~2次,每次5~10分钟。

放牧管理:采用放牧饲养时,要严格把公牛分出单放,以免偷配而影响牛群质量。对周岁内的小牛宜近牧或放牧于较好的草地上。冬、春季应采用舍饲。

初次配种:育成牛应在体成熟时配种,即14月龄以上或体重达到成年体重的70%。

2. 妊娠母牛的饲养管理 妊娠期母牛的营养需要和胎儿的生长有直接关系,应保持中上等膘情即可,但不能过肥。妊娠前6个月胚胎生长发育较慢,不必给母牛增加营养,但要保证饲养的全价性,尤其是矿物元素和维生素A、维生素D和维生素E的供给。对于没有带犊的母牛,饲养上只考虑母牛维持和运动的营养需要量;对于带犊母牛,饲养上应考虑母牛维持、运动、泌乳的营养需要量。一般而言,以优质青粗饲料为主,精饲料为辅。胎儿的增重主要在妊娠的最后3个月,此期的增重占犊牛初生重的70%~80%,需要从母体供给大量营养,饲养上要注意增加精料量,多给蛋白质含量高的饲料。一般在母牛分娩前,至少要增重45~70千克,才足以保证产犊后的正常泌乳与发情。

(1)舍饲 舍饲的母牛舍要设运动场,以保证繁殖母牛有充足的光照和运动。

①日粮 按以青粗饲料为主适当搭配精饲料的原则,参照饲养标准配合日粮。粗饲料如以玉米秸为主,由于蛋白质含量低,可搭配 1/3～1/2 优质豆科牧草,再补饲饼粕类,也可以用尿素代替部分饲料蛋白。粗料以麦秸为主时,则须搭配豆科牧草,根据膘情补加混合精料 1～2 千克,精料配方:玉米 52%,饼类 20%,麸皮 25%,石粉 1%,食盐 1%,微量元素、维生素预混料 1%。妊娠母牛应适当控制棉籽饼、菜籽饼、酒糟等饲料的喂量,酒糟喂量根据母牛体重大小一般为 3～5 千克。

②管理 规模母牛场饲喂方法最好采用全混合日粮(TMR),小型养殖户可采用先粗后精的顺序饲喂,即先喂粗料,待牛吃半饱后,在粗料中拌入部分精料或多汁料碎块,诱导牛多采食,最后把余下的精料全部投喂,吃净后下槽。不能喂冰冻、发霉饲料。饮水温度要求不低于 10℃。妊娠后期应做好保胎工作,无论放牧或舍饲,都要防止挤撞、猛跑。在饲料条件较好时,要避免过肥和运动不足。充足的运动可增强母牛体质,促进胎儿生长发育,并可防止难产。头胎牛尤为重要。

(2)放牧 以放牧为主的肉牛业,青草季节应尽量延长放牧时间,一般可不补饲。枯草季节,根据牧草质量和牛的营养需要确定补饲草料的种类和数量;特别是在妊娠最后的 2～3 个月,如遇枯草期,应进行重点补饲,另外枯草期维生素 A 缺乏,注意补饲胡萝卜,每头每天 0.5～1 千克,或添加维生素 A 添加剂;另外应补足蛋白质、能量饲料及矿物质的需要。精料补量每头每天 1 千克左右。精料参考配方:玉米 50%,麦麸 10%,饼类 30%,高粱 7%,石粉 2%,食盐 1%。

3. 分娩期母牛的饲养管理 分娩期(围产期)是指母牛分娩前后各 15 天。这一阶段对母牛、胎犊和新生犊牛的健康都非常重要。围产期母牛发病率高,死亡率也高,因此必须加强护理。围产期是母牛经历妊娠至产犊至泌乳的生理变化过程,在饲养管理上有其特殊性。

(1)产前准备 母牛应在预产期前1～2周进入产房。产房要求宽敞、清洁、保暖、环境安静,并在母牛进入产房前用10%石灰水粉刷消毒,干后在地面铺以清洁干燥、卫生(日光晒过)的柔软垫草。在产房临产母牛应单栏饲养并可自由运动,喂易消化的饲草饲料,如优质青干草、苜蓿干草和少量精料;饮水要清洁卫生,冬天最好饮温水。

在产前要准备好用于接产和助产的用具、器具和药品,在母牛分娩时,要细心照顾,合理助产,严禁粗暴。为保证安全接产,必须安排有经验的饲养人员昼夜值班,注意观察母牛的临产症状,保证安全分娩。纯种肉用牛难产率较高,尤其初产母牛,必须做好助产工作。

母牛在分娩前1～3天,食欲低下,消化功能较弱,此时要精心调配饲料,精料最好调制成粥状,特别要保证充足的饮水。

随着胎儿的逐步发育成熟和产期的临近,母牛在临产前会发生一系列变化(详见第三章中分娩),应立即做好接产准备。当胎儿前蹄将胎膜顶破时,可用桶将羊水(胎水)接住,产后给母牛灌服3.5～4千克,可预防胎衣不下。正常情况下,一般不会发生难产,但初产牛和用大型肉牛所配的小型牛难产率较高,应当助产。助产的原则是尽力保全母牛和犊牛,不得已时舍仔保母,还要注意避免产道损伤和感染,防止产后不孕。助产时母牛能够站立采取站立保定,呈头低后高;如不能站立则采取左侧卧,垫高后躯。

(2)产后护理 母牛分娩后,由于大量失水,要立即喂母牛以温热、足量的麸皮盐水(麸皮1～2千克,盐100～150克,碳酸钙50～100克,温水15～20升),可起到暖腹、充饥、增腹压的作用。同时,喂给母牛优质、嫩软的干草1～2千克。为促进子宫恢复和恶露排出,还可补给温热的益母草红糖水(益母草250克,水1500

毫升,煎成水剂后,再加红糖 1 000 克,水 3 000 毫升),每日 1 次,连服 2～3 日。

胎衣一般在产后 5～8 小时排出,最长不应超过 12 小时。如果超过 12 小时,尤其是夏天,应进行药物治疗,投放防腐剂或及早进行剥离手术,否则易继发子宫内膜炎,影响今后的繁殖。可在子宫内投入 5%～10%氯化钠溶液 300～500 毫升或用生理盐水 200～300 毫升溶解金霉素、土霉素或氯霉素 2～5 克,注入子宫内膜和胎衣间。胎衣排出后应检查是否排出完全及有无病理变化,并密切注意恶露排出的颜色、气味和数量,以防子宫弛缓引起恶露滞留,导致疾病。要防止母牛自食胎衣,以免引起消化不良。如胎衣在阴门外太长,最好打一个结,不让后蹄踩踏;严禁拴系重物,以防子宫脱出。对于挤奶的母牛,产后 5 天内不要挤净初乳,可逐步增加挤奶量。母牛产后康复期为 2～3 周。

母牛经过产犊,气血亏损,抵抗力减弱,消化功能及产道的恢复需要一段时间,而乳腺的分泌功能却在逐渐加强,泌乳量逐日上升,形成了体质与产乳的矛盾。此时在饲养上要以恢复母牛体质为目的。在饲料的调配上要加强其适口性,刺激牛的食欲。粗饲料则以优质干草为主。精料不可太多,但要全价,优质,适口性好,最好能调制成粥状,并可适当添加一定的增味饲料,如糖类等。对体弱母牛,在产犊 3 天后喂给优质干草,3～4 天后可喂多汁饲料和精饲料。当乳房水肿完全消失时,饲料即可增至正常。如果母牛产后乳房没有水肿,体质健康,粪便正常,在产犊后第一天就可喂给多汁饲料,到 6～7 天时,便可增加到足够喂量。要保持充足、清洁、适温的饮水。一般产后 1～5 天应饮给温水,水温 37℃～40℃,以后逐渐降至常温。

分娩后阴门松弛,躺卧时黏膜外翻易接触地面,为避免感染,地面应保持清洁,垫草要勤换。母牛的后躯阴门及尾部应用消毒液清洗,以保持清洁。加强监护,随时观察恶露排出情况,观察阴门、乳房、乳头等部位是否有损伤。每日测1～2次体温,若有体温升高及时查明原因进行处理。

4. 哺乳母牛的饲养管理

(1)舍饲 舍饲时一头母牛一个牛床,可在母牛床侧或运动场建犊牛岛或犊牛补饲栏,各牛床间可用隔栏分开。繁殖母牛在产后配种前应具有中上等膘情,过瘦过肥往往影响繁殖。在肉用母牛的舍饲养殖中,容易出现精料过多而又运动不足,造成母牛过肥,不发情。但在营养缺乏、母牛瘦弱的情况下,也会造成母牛不发情而影响繁殖。瘦弱母牛配种前1～2个月加强饲养,应适当补饲精料,提高受胎率。

①日粮 哺乳母牛的主要任务是多产奶,以供犊牛需要。母牛在哺乳期所消耗的营养比妊娠后期要多;每产1千克乳脂率4%的奶,相当于消耗0.3～0.4千克配合饲料的营养物质。1头大型肉用母牛,在自然哺乳时,日产奶量可达6～7千克,产后2～3个月到达泌乳高峰;本地黄牛产后日产奶2～4千克,泌乳高峰多在产后1个月出现。西门塔尔等兼用牛平均日产奶量可达10千克以上,此时母牛如果营养不足,不仅产奶量下降,还会损害健康。

母牛分娩3周后,泌乳量迅速上升,母牛身体已恢复正常,应增加精料用量,日粮中粗蛋白质含量以10%～11%为宜,应供给优质粗饲料。饲料要多样化,一般精、粗饲料各由3～4种组成,并大量饲喂青绿、多汁饲料,以保证泌乳需要和母牛发情。舍饲饲养时,在饲喂青贮玉米或氨化秸秆保证维持需要的基础上,补喂混合精料2～3千克,并补充矿物质及维生素添加剂。放牧饲养时,因为早春产犊母牛正处于牧地青草供应不足的时期,为保证母牛产奶量,要特别注意泌乳早期的补饲。除补饲秸秆、青干草、青贮饲料等,每天补喂混合精料2千克左右,同时注意补充矿物质及维生素。头胎泌乳的青年母牛除泌乳需要外,还需要继续生长,营养不足对繁殖力影响明显,所以一定要饲喂优良的禾本科及豆科牧草,精料搭配多样化。在此期间,应加强乳房按摩,经常刷拭牛体,促使母牛加强运动,充足饮水。

分娩3个月后,产奶量逐渐下降,母牛处于妊娠早期,饲养上可适当减少精料喂量,并通过加强运动、梳刮牛体、给足饮水等措施,加强乳房按摩及精细的管理,可以延缓泌乳量下降;要保证饲料质量,注意蛋白质品质,供给充足的钙磷、微量元素和维生素。这个时期,母牛的采食量有较大增长,如饲喂过量的精料,极易造成母牛过肥,影响泌乳和繁殖。因此,应根据体况和粗饲料供应情况确定精料喂量,多供青绿多汁饲料。

现列出两个哺乳期母牛的精料配方,供参考。

配方一:玉米50%,熟豆饼(粕)10%,棉仁饼(或棉籽粕)5%,胡麻饼5%,花生饼3%,葵花籽饼4%,麸皮20%,磷酸氢钙1.5%,碳酸钙0.5%,食盐0.9%,微量元素和维生素添加剂0.1%。

配方二:玉米50%,熟豆饼(粕)20%,麸皮12%,玉米蛋白10%,饲料酵母5%,磷酸氢钙1.6%,碳酸钙0.4%,食盐0.9%,强化微量元素与维生素添加剂0.1%。

②管　理

细心观察母牛:每日注意观察母牛乳房、食欲、反刍、粪便等情况,发现异常及时治疗。

细心管理母牛:每天刷拭牛体,保证牛体清洁。按时驱虫和接种疫苗。每年修蹄1～2次,保证肢蹄姿势正常。自由活动,严禁拴系饲养。

适时配种:分娩40～80天,注意观察母牛是否发情,便于适时配种。配种后两个情期还应观察母牛是否有返情现象。

母牛产后开始出现发情平均为产后34天(20～70天)。如果精料过少会造成母牛过瘦,但精料过多会造成母牛过肥都会推迟产后第一次发情时间。一般母牛产后 1～3 个情期，发情排卵比较正常，随着时间的推移，犊牛体重增大，消耗增多，如果不能及时补饲，往往母牛膘情下降，发情排卵受到影响。因此，产后多次错过发情期，则情期受胎率会越来越低。如果出现此种情况，应及时进行直肠检查，摸清情况，慎重处理。

母牛出现空怀，应根据不同情况加以处理。造成母牛空怀的原因，有先天和后天两个方面。先天不孕一般是由于母牛生殖器官发育异常，如子宫颈位置不正、阴道狭窄、幼稚病、异性孪生的母犊和两性畸形等，先天性不孕的情况较少，在育种工作中淘汰那些隐性基因的携带者，就能加以解决。后天性不孕主要是由于营养缺乏，饲养管理及生殖器官疾病所致。

成年母牛因饲养管理不当造成不孕，在恢复正常营养水平后，大多能够自愈。在犊牛时期由于营养不良致生长发育受阻，影响生殖器官正常发育而造成的不孕，则很难用饲养方法补救。若育成母牛长期营养不足，则往往导致初情期推迟，初产时出现难产或死胎，并且影响以后的繁殖力。

另外，改善饲养管理条件，增加运动和日光浴可增强牛群体质、提高母牛的繁殖能力。牛舍内通风不良、空气污浊、夏季闷热、冬季寒冷、过度潮湿等恶劣环境极易危害牛体健康，敏感的个体，很快停止发情。因此，改善饲养管理条件十分重要。

(2)放牧 哺乳母牛放牧饲养时应放牧于牧草较好、距离牛舍较近的地方。根据牧草的情况酌情补饲粗饲料和精饲料。

二、肉牛的育肥技术

(一)影响肉牛育肥效果的因素

1. 遗传因素 肉牛的品种和品种间的杂交等都影响肉牛育

肥效果。专用肉牛品种比乳用牛、乳肉兼用牛和我国的黄牛等生长育肥速度要快，特别是能进行早期育肥，提前出栏，饲料利用率、屠宰率和胴体净肉率高，肉的质量好。一般优良的肉用品种牛，肥育后的屠宰率为 60%～65%，最高的可达 68%～72%；肉乳兼用品种达 62%以上。

近年来，国外已广泛采用品种间经济杂交，利用杂交优势，能有效地提高肉牛的生产力。美国等国的研究结果表明，两品种的杂交后代生长快，饲料利用率高，其产肉能力比纯种提高 15%～20%。三品种杂交效果比两品种杂交更好，所得杂交后代的早熟性和肉的质量均胜过纯种牛。

我国利用国外优良肉牛品种的公牛与我国黄牛杂交，杂交后代的杂种优势使生长速度和肉的品质都得到了很大提高。杂交改良牛初生重明显增加，各阶段生长速度和肉用性能显著提高，屠宰率、净肉率和眼肌面积增加，肌肉丰满，仍保持了中国黄牛肉的多汁、口感好及风味可口等特点。

2. 生理因素 年龄和性别等生理因素对肉牛生产力有一定影响。

(1) 年龄因素 一般幼龄牛的增重以肌肉、内脏、骨骼为主，而成年的增重除增长肌肉外，主要是沉积脂肪。年龄对牛的增重影响很大，一般规律是肉牛在出生第一年增重最快，第二年增重速度仅为第一年的 70%，第三年的增重又只有第二年的 50%（表 5-1）。饲料利用率随年龄增长、体重增大，呈下降趋势，一般年龄越大，每千克增重消耗的饲料也越多。在同一品种内，牛肉品质和出栏体重有非常密切的关系，出栏体重小，往往不如体重大的牛，但变化不如年龄的影响大。按年龄，大理石状花纹形成的规律是：12 月龄以前花纹很少；12～24 月龄，花纹迅速增加；30 月龄以后花纹变化很微小。由此看出要获得经济效益高的高档牛肉，需在 18～24 月龄时出栏。目前，国外肉牛的屠宰年龄一般为 1～1.5 岁,最迟不超过 2 岁,生产雪花牛肉一般在 30 月龄之前出栏。

表 5-1　年龄与肥育效果

牛年龄	头数	平均日龄	平均活重(千克)	出生后每日增重(千克)	肥育全期增重(千克)	
					总增重	日增重
1 岁以下	30	297	354	1.19	354	1.19
1～2 岁	152	612	606	0.99	252	0.799
2～3 岁	145	943	744	0.79	138	0.422
3 岁以上	133	1283	880	0.69	136	0.395

*引自《肉牛学》李登元。

(2)性别因素　性别影响牛的育肥速度,在同样的饲养条件下,以公牛生长最快,阉牛次之,母牛最慢;在肥育条件下,公牛比阉牛的增重速度高 10%,阉牛比母牛的增重速度高 10%,这是因为公牛体内性激素——睾酮含量高的缘故。因此,如果在 24 月龄以内肥育出栏的公牛,以不去势为好。牛的性别影响肉的质量。一般来说,母牛肌纤维细,结缔组织较少,肉味亦好,容易育肥;公牛比阉牛、母牛具有较多的瘦肉,肉色鲜艳,风味醇厚,较高的屠宰率和较大的眼肌面积,经济效益高;而阉牛胴体则有较多的脂肪。

3. 环境因素　环境因素包括饲养水平和营养状况、管理水平、外界气温等。环境因素对肉牛生产能力的影响占 70%。

(1)饲养水平和营养状况　饲料是改善肉的品质、提高肉的产量最重要的因素。日粮营养是转化牛肉的物质基础,恰当的营养水平结合牛体的生长发育特点能使育肥肉牛提高产肉量,并获得含水量少、营养物质多、品质优良的肉。另外,肉牛在不同的生长育肥阶段,对营养水平要求不同,幼龄牛处于生长发育阶段,增重以肌肉为主,所以需要较多的蛋白质饲料;而成年牛和育肥后期增重以脂肪为主,所以需要较高的能量饲料。饲料转化为肌肉的效率远远高于饲料转化为脂肪的效率。

①精、粗饲料比例　在肉牛的育肥阶段,精饲料可以提高牛胴体脂肪含量,提高牛肉的等级,改善牛肉风味。粗饲料在育肥前期可锻炼胃肠功能,预防疾病的发生,这主要是由于牛在采食粗料时,能增加唾液分泌并使牛的瘤胃微生物大量繁殖,使肉牛处于正常的生理状态。另外,由于粗饲料可消化养分含量低,防止血糖过高,低血糖可刺激牛分泌生长激素,从而促进生长发育。

一般肉牛育肥阶段日粮的精、粗比例为:前期粗料为55%～65%,精料为45%～35%;中期粗料为45%,精料为55%;后期粗料为15%～25%,精料为85%～75%。

②营养水平　采用不同的营养水平,增重效果不同(表5-2)。

表5-2　营养水平与增重的关系

营养水平	试牛头数(头)	育肥天数(天)	始重(千克)	前期终重(千克)	后期终重(千克)	前期日增重(千克)	后期日增重(千克)	全程日增重(千克)
高高型	8	394	284.5	482.6	605.1	0.94	0.68	0.81
中高型	11	387	275.7	443.4	605.5	0.75	0.99	0.86
低高型	7	392	283.7	400.1	604.6	0.55	1.13	0.82

由表5-2可以看出:育肥前期采用高营养水平时,虽然前期日增重提高,但持续时间不会很长,因此,当继续高营养水平饲养时,增重反而降低。育肥前期采用低营养水平,前期虽增重较低,但当采用高营养水平时,增重提高。从育肥全程的日增重和饲养天数综合比较,育肥前期,营养水平不宜过高,肉牛育肥期的营养类型以中高型较为理想。

③饲料添加剂　使用适当的饲料添加剂可使肉牛增重速度提高,详见肉牛饲料添加剂部分。

④饲料形状　饲料的不同形状,饲喂肉牛的效果也不同。一般来说,颗粒料的效果优于粉状料,使日增重明显增加。精料粉碎不宜过细,粗饲料以切短利用效果最好。

(2)环境温度影响肉牛的育肥速度　最适气温为 10℃～21℃,低于 7℃,牛体产热量增加,维持需要增加,要消耗较多的饲料,肉牛的采食量增加 2%～25%;环境温度高于 27℃,牛的采食量降低 3%～35%,增重降低。在温暖环境中反刍动物利用粗饲料能力增强,而在较低温度时消化能力下降。在低温环境下,肉犊牛比成年肉牛更易受温度影响。空气湿度也会影响牛的育肥,因为湿度会影响牛对温度的感受性,尤其是低温和高温条件下,高湿会加剧低温和高温对牛的危害。

总之,不适合肉牛生长的恶劣环境和气候对肉牛肥育有较大影响,所以在冬、夏季节要注意保暖和降温,为肉牛创造良好的生活环境。

(3)饲养管理因素　饲养管理的好坏直接影响育肥速度。除采食外,尽量使牛少运动。圈舍应保持良好的卫生状况和环境条件,育肥前进行驱虫和疫病防治,经常刷拭牛体,保持体表干净等。

(二)犊牛育肥技术

1. 小白牛肉生产技术　小白牛肉是指犊牛出生后完全用全乳、脱脂乳、代用乳饲喂,生产白牛肉犊牛少喂或不喂其他饲料,因此白牛肉生产不仅饲喂成本高,牛肉售价也高,其价格是一般牛肉价格的 2～10 倍。

一般是将犊牛培育至 6～8 周龄体重 90 千克时屠宰,或 18～

26 周龄,体重达到 180～240 千克屠宰。

小白牛肉的肉质软嫩,味道鲜美,肉呈白色或稍带浅粉色,营养价值很高,蛋白质含量比一般的牛肉高,脂肪却低于普通牛肉,人体所需的氨基酸和维生素齐全,又容易消化吸收,属于高档牛肉。

小白牛肉的生产以荷兰最为突出。荷兰的牛肉 90% 来自于乳用品种,生产的小白牛肉向多个国家出口,价格昂贵,以柔嫩多汁、味美色白而享誉世界。其他如欧共体、德、美、加、澳、日等国的发展也很快。

(1)小白牛肉分类

①鲍布小牛肉　犊牛的屠宰年龄少于 4 周,屠宰活重 57 千克以下,其瘦肉颜色呈淡粉红色,肉质极嫩。

②犊牛小牛肉　犊牛的屠宰年龄为 4～12 周龄,活重 57～140 千克。

③特殊饲喂小犊牛肉　犊牛全部饲喂给全乳或营养全价的代乳粉,直到 12～26 周龄,体重达到 150～240 千克屠宰。肉色为象牙白或奶油状的粉红,肉质柔软、有韧性,肉味鲜美。这种特殊饲喂的小白牛肉大约占美国小白牛肉产量的 85%,荷兰基本也采用此生产模式。

④精料饲喂的小牛肉　犊牛前 6 周以牛乳为基础饲喂,然后喂以全谷物和蛋白的日粮,这种犊牛肉肉色较深,有大理石纹和可见的脂肪,屠宰年龄 5～6 月龄,活重 220～260 千克。

(2)小白牛肉生产的饲养模式

①单笼拴系饲养　传统的饲养方式,犊牛笼规格大多选用的是长 176 厘米、宽 64～74 厘米的犊牛笼。其笼子地面多用条形漏缝板或是镀了金属的塑料铺设,其间有空隙,以便及时清除粪尿。笼前方有开口,可供犊牛将头伸出采食饲料和饮水。笼子两个侧面也是用条形板围成,用来防止犊牛之间的相互舐舔,整个牛笼后部和顶部均是敞开的,犊牛用 61～92 厘米长的塑料绳或

者金属链子拴系到笼子前面,限制其自由活动。

②单笼不拴系饲养 为了保证动物健康和福利,目前有些国家规定了犊牛的活动空间,一般每头牛位 1.8 米²,在荷兰犊牛笼规格大多选用宽 80～100 厘米、长 180～200 厘米。地面多用条形漏缝木板。保证犊牛能够转身活动。

③圈舍群养 犊牛在条形漏缝板铺成的圈舍里群养,每头犊牛所占面积 1.3～1.8 米² 不等,在此种饲喂模式下,犊牛在进入育肥场后,将每头牛拴系起来进行饲喂,6～8 周以后,只在每天喂料的 30 分钟里将犊牛拴系起来,其他时间让其自由活动。地面选用条形漏缝板。

④群饲与单独饲养结合模式(荷兰饲养模式) 犊牛在前 8 周采取小圈群饲,5 头一圈,共约 9 米²;8 周后每头单独饲养,每头牛位 1.8 米²。

(3)犊牛的选择 生产白牛肉的犊牛品种很多,肉用品种、乳用品种、兼用品种或杂交种牛犊都可以。目前,以前期生长速度快、牛源充足、价格较低的奶牛公犊为主,且便于组织生产。奶牛公犊一般选择初生重不低于 40 千克、无缺损、健康状况良好的初生公牛犊。体质良好,最好为母牛二胎以上所生的犊牛。体型外貌应选择头方嘴大、前管围粗壮、蹄大的犊牛。

(4)育肥方法

①全乳或代乳粉 传统的白牛肉生产,由于犊牛吃了草料后肉色会变暗,不受消费者欢迎,为此犊牛肥育不能直接饲喂精料、粗料,应以全乳或代乳品为饲料。1 千克牛肉约消耗 10 千克牛奶,很不经济,因此近年来采用代乳料加人工乳喂养越来越普遍。采用代乳料和人工乳喂养,平均每生产 1 千克小白牛肉需 1.3 千克的干代乳料或人工乳。不同代乳料间质量差异很大,主要与脂质水平和蛋白源相关(植物源蛋白、动物血清、鸡蛋蛋白及乳源蛋白)。4 周龄前的犊牛不能有效消化植物源蛋白,因此不能

仅为了节省成本而冒险使用低质代乳料。小白牛肉全乳生产方案见表 5-3。

表 5-3 小白牛肉全乳生产方案

日 龄	日给乳量（千克）	日增重（千克）	期末体重（千克）	需乳总量（千克）
1～30	6～7	0.56	59	180～210
31～60	7～8	0.88	86	210～240
61～90	10～12	1.11	119	300～360
91～120	14～16	1.13	153	420～480
			总计奶量	1110～1290
121～150	16～18	1.10	204	480～540
			总计奶量	1590～1830

吃足初乳：犊牛出生后应该在 1 小时内尽早吃上初乳，第一次 2 千克以上，一般 12～14 小时初乳的喂量应达到 6 千克，才能保证犊牛得到足够的抗体含量用于抵抗疾病的侵袭。前 3 天喂初乳，3 天后转入常乳饲喂。最好选用经产母牛的初乳（在 -20℃ 下可保存 1 年）。初乳饲喂前在 60℃ 下温水解冻，超过 60℃ 会破坏免疫球蛋白。另外，通过初乳垂直感染的病原微生物——副结核、牛白血病、沙门氏菌经 60℃ 加热 30 分钟可以杀死。如果不是自繁自养，最好购买出生 2 周以后的犊牛，已经具备了一定抗运输应激、疾病等能力。

定时定温：用水浴加热至 40℃～42℃，定时定温饲喂 2～3 次。15 日龄内饲喂牛奶温度非常重要，低于 40℃ 犊牛易发生腹泻。

饲喂方法：为了保证犊牛前期食管沟闭合完全，0～2 月龄犊牛最好用奶瓶或带有奶嘴的特制奶桶喂奶，预防犊牛肚胀。牛乳中添加食盐 0.5 克/千克；3～4 月龄犊牛可以用盆饲喂，可降低劳动强度，但是要严格定量。

卫生与消毒：饲喂器皿每次用完进行清洗和消毒。牛圈 3 天消 1 次毒，每天清 1 次粪。每天早、晚 2 次喂牛时刷拭牛体，保持牛体清洁。

每头牛饲喂定量管理：公犊牛如果群养，大小要一致，以便于对每一头犊牛的采食量进行总量控制，同时便于饲喂。

饮水管理：犊牛自由饮水，水体要清洁，在冬季，天气比较寒冷的时候，饮用水温度不能太低，保证在 15℃ 以上。

温度和环境控制：圈舍要冬暖夏凉，要经常保持舍床干燥，通风良好。不同日龄的犊牛要求临界温度不同，3～4 日龄时为 12℃～13℃，20 日龄时为 7℃～8℃。在营养相同的情况下，环境温度比犊牛的临界温度每低 1℃，则每昼夜犊牛的体重损失 21～27 克。因此，犊牛牛舍的温度应保持在 15℃ 左右为宜，最好不低于 12℃。到了夏季注意防暑，否则会影响犊牛生长发育，提高饲养成本。

②荷兰标准化的犊牛白肉育肥体系　在荷兰，一般的奶公犊出生后吃足初乳，在奶牛场饲养 2～5 周后送往犊牛选择与配送中心，按周龄和体重分组后直接送往育肥场，仅范德利集团在荷兰就有 35 家选配中心。为了减少运输应激，荷兰本国内的犊牛运输本着就近的原则，一般不超过 2.5 小时的路途。运输车辆一般采用箱式设计，上下两层，侧面有小窗和排风扇。路途较远的运输车辆装有空调系统。运输前后，在饮水中加糖，运到后第一周所有犊牛在代乳粉中加入抗生素（土霉素＋阿莫西林）预防疾病。

育肥场一般是自愿加入范德利集团合作组织的农户，每户存栏一般 2～3 栋育肥牛舍，每栋 800 头左右。由于机械化程度较高，农户只需家庭成员 1～2 人，不雇用其他人员。犊牛能接触的所有设施都不含有铁,如木质漏缝地板、犊牛栏采用不锈钢材料制作。每栋育肥舍包括饲料间(代乳粉搅拌器等设施,由管道通往牛舍)、管理间(电子计算机管理系统)和牛舍等。

2～5周龄的犊牛直接运到农户育肥场后便进入了范德利集团标准化的管理中。统一供给代乳粉(每头牛大约需要 360 千克代乳粉)和精饲料。每天 2 次代乳粉,使用自动计量的管道式加奶装置。代乳粉参考配方:乳清 70％、脂肪 20％、植物(大豆)蛋白 10％。4 周龄开始补固体料,精粗比 90：10～85：15 (4 周龄开始每天 200 克到 16 周 1 千克,20 周龄以后 2 千克),每天 2 次精粗饲料,精粗饲料主要有压片玉米、大麦、黄豆、青贮、麦秸等。所有饲料均为低铁饲料,控制维生素 A 含量为 40 毫克/千克。

育肥场管理精细,奶桶和补料槽分开。为了预防犊牛腹胀,奶桶中配有自动漂浮的奶嘴,供犊牛吮吸代乳粉,有利于食管沟反射。代乳粉兑热水,温度 65℃～75℃,喂牛控制温度在 40℃～42℃。出栏在 26 周,体重 240 千克左右,胴体重 140 千克左右,净肉重 100 千克左右。由于管理完善,整个育肥期腹泻率仅 5％～10％,死亡率 3％以下。

③小白牛肉生产中常见的问题

笼养犊牛食欲下降:在单笼拴系饲养条件下,圈舍狭窄及设计严重限制了犊牛自身的运动,并隔断了犊牛之间的相互联系,造成犊牛精神消沉,产生慢性应激,进而会导致犊牛食欲的降低。

笼养犊牛消化问题:如果只喂牛奶而不喂饲草,会抑制犊牛瘤胃发育。因此,常出现多数时间在舔食可以接触到的任何物品,过度地舔食自己所能接触到的身体部位,造成大量的牛毛进入瘤胃,进而行成毛球,有可能会阻塞食物通道。对犊牛进行人工抚摸和让其舔食手指可以减轻以上症状。

群饲易发生的疾病:一是群饲容易舔食其他牛的耳朵、脐带和阴茎,这些不良行为通常会造成舔食部位发炎和感染;二是犊牛喝其他牛的尿也会影响其消化代谢和健康;三是群养条件下的犊牛之间接触比较紧密,增加了疾病传染的可能性,主要的疾病是肠炎和呼吸道疾病;另外,群养犊牛接受疾病治疗也比较困难。

贫血:日粮中铁的缺乏会造成犊牛贫血,造成犊牛对外界应激做出反应比较困难,影响犊牛的健康。铁的缺乏还会造成血中血红蛋白含量减少,肉牛机体摄入的氧气不足,进而加重心血管系统的负荷。此外,日粮中铁的缺乏还易导致犊牛酸中毒。单笼饲养的犊牛贫血发病率比群养犊牛高。

④犊牛腹泻预防和治疗

预防措施:吃足初乳,增强抗病力;保持牛床干燥、常消毒,可防止细菌、病毒、球虫等引起的腹泻。

治疗:能吃奶的犊牛给予其电解质补充液(复方生理盐水＋糖＋小苏打);或在奶中加入庆大霉素,2～3支,3次/日。不能吃奶的犊牛给予静脉注射,5%糖盐水＋5%小苏打＋抗生素(庆大霉素等)。

2. 小牛肉生产技术 小牛肉是犊牛出生后饲养至7～8月龄或12月龄以前,以奶和精料为主,辅以少量干草培育,体重达到300～450千克所产的肉,称为"小牛肉"。小牛肉分大胴体和小胴体。犊牛育肥至7～8月龄、体重达到250～300千克、屠宰率58%～62%、胴体重130～150千克的称小胴体。如果育肥至8～12月龄、屠宰活重达到350千克以上、胴体重200千克以上,则称为大胴体。西方国家目前的市场动向,大胴体较小胴体的销路好。牛肉品质要求多汁,肉质呈淡粉红色,胴体表面均匀覆盖一层白色脂肪。为了使小牛肉肉色发红,许多育肥场在全乳或代用乳中补加铁和铜,还可以提高肉质和减少犊牛疾病的发生。犊牛肉蛋白质比一般牛肉高27.2%～63.8%,而脂肪却低95%左右,并且人体所需的氨基酸和维生素齐全,是理想的高档牛肉,发展前景十分广阔。

(1)犊牛品种的选择 生产小牛肉应尽量选择早期生长发育速度快的牛品种,肉用牛的公犊是生产小牛肉的最好选材。为了便于组织生产,在国外奶牛公犊被广泛利用生产小牛肉。目前在我国牛源紧张的情况下,应选择荷斯坦奶公犊和肉用牛与本地牛杂种犊牛为主。

(2)犊牛性别和体重的选择 生产小牛肉,犊牛以选择公犊牛为佳,因为公犊牛生长快,可以提高牛肉生产率和经济效益。体重一般要求初生重在 38 千克以上,健康无病,无缺损。

(3)育肥技术 小牛肉生产实际是育肥与犊牛的生长同期。犊牛出生后 3 日内可以采用随母哺乳,也可采用人工哺乳,但 3 日龄后必须改由人工哺乳,1 月龄内按体重的 8%～9%喂给牛奶。在国外为了节省牛奶,广泛采用代乳粉,精料量从 7～10 日龄开始逐渐增加,青干草或青草任其自由采食。1 月龄后喂奶量保持不变,精料和青干草则继续增加,直至育肥到 6 月龄为止。可以在此阶段出售,也可继续育肥至 7～8 月龄或 1 周岁出栏。出栏时期的选择,根据消费者对小牛肉口味喜好的要求而定,不同国家之间并不相同。国外小牛肉生产主要以精饲料(占 80%以上)为主,辅以少量优质粗饲料。

为了降低成本和合理利用奶公犊资源,国家肉牛产业技术体系曹玉凤等对此进行了不同阶段不同营养水平的系统研究,一般正常哺乳 45～60 日粮断奶后直接采用较高精料进行育肥到 10～12 月龄屠宰。根据试验结果,经过 8 个月的育肥,出栏体重可达到 350 千克以上;屠宰率和净肉率分别达到 51.6%和 43.81%;日增重为 1.1 千克以上;按照普通活牛价格,经济效益达到 4 365.54 元/头。不同体重阶段建议日粮营养水平、配方和饲喂量见表 5-4,表 5-5。

肉牛科学养殖技术 ·····················

表 5-4　不同体重阶段日粮营养水平和饲喂量

体重阶段	日粮组成			日粮营养水平	
	精料（千克）	干草（千克）	黄贮（千克）	消化能（兆焦耳/千克）	粗蛋白质（%）
95～150 千克	2.7～3.7	1～2	—	13.6	20.0
150～200 千克	3.8～4.1	1.5	0～3	13.3	18.5
200～250 千克	4.2～4.6	1.6	3.4	13.3	17.5
250～300 千克	4.7～5.3	1.7	4.1	13.4	16.5
300～350 千克	5.4～6.2	1.5	3.5	13.7	15.0

表 5-5　日粮配方

原料	100～150（千克）	150～200（千克）	200～250（千克）	250～300（千克）	300～350（千克）
玉米	31.73	25.25	28	27.94	38.10
麸皮	—	1.5	5.4	7.17	7.45
豆粕	19.91	10.86	11.4	8.6	7.1
棉籽粕	6.65	10.04	5.42	5.9	6.9
玉米胚芽粕	3.05	—	—	—	—
菜粕	3	1.35	3	3.65	—
DDGS	3	8.8	9.5	9.5	8.1
磷酸氢钙	0.2	—	—	—	—
石粉	1.43	1.4	1.39	—	1
食盐	0.51	0.4	0.44	0.44	0.4
小苏打	—	—	—	1	1
预混料	0.52	0.4	0.45	0.45	0.45
羊草	30	40	23.4	22.4	19.5
青贮	—	—	11.6	12.95	10

饲养管理技术的关键：①初生犊牛一定要保证出生后 0.5～1 小时充分地吃到初乳，初乳期 4～7 天，这样可以降低犊牛死亡率。犊牛喂奶，要严格做到定时、定量、定温。保证奶及奶具卫生，以预防消化不良和腹泻病的发生。奶温控制在 40℃～42℃。天气晴朗时，让犊牛于舍外晒太阳，但运动量不宜过大。②夏季要注意防暑，冬季舍温应保持在 0℃ 以上。最适温度为 18℃～20℃，相对湿度 80％以下。③犊牛育肥全期内每天饲喂 2 次，早晨 6 时，下午 6 时。自由饮水，夏季可饮凉水，冬季饮 20℃左右的温水。犊牛若出现消化不良，应酌情减喂精料，并给予药物治疗。

（三）快速育肥技术（18 月龄左右出栏）

快速育肥（18 月龄左右出栏）是指犊牛断奶后或在 6 月龄以后转入育肥阶段进行育肥，在 18 月龄左右体重达到 500 千克以上时出栏。此阶段由于在饲料转化率较高的生长期保持较高的增重，缩短了生产周期，较好地提高了出栏率，故总效率高，生产的牛肉肉质鲜嫩，满足市场中优质牛肉的需求，是值得推广的一种方法。

1. 快速育肥（18 月龄左右出栏）饲喂技术

(1) 舍饲快速育肥（18 月龄左右出栏）技术

方法一：品种可以选择肉用良种牛、杂交牛或奶公犊，7 月龄体重 150 千克开始育肥至 18 月龄出栏，体重达到 500 千克以上，平均日增重 1 千克。育肥期日粮粗饲料为青贮玉米秸、谷草；精饲料为玉米、麦麸、豆粕、棉粕、石粉、食盐、碳酸氢钠、微量元素和维生素预混剂（表 5-6）。

表 5-6　青贮＋谷草类型日粮配方及喂量

月　龄	精料配方(%)							采食量(千克/日·头)		
	玉米	麸皮	豆粕	棉籽粕	石粉	食盐	碳酸氢钠	精料	青贮玉米秸	谷草
7~8	32.5	24	7	33	1.5	1	1	2.2	6	1.5
9~10								2.8	8	1.5
11~12	52	14	5	26	1	1	1	3.3	10	1.8
13~14								3.6	12	2
15~16	67	4		26	0.5	1	1	4.1	14	2
17~18								5.5	14	2

　　方法二:利用奶公犊快速育肥。国家肉牛牦牛产业技术体系曹玉凤等利用奶公犊(4 月龄左右)进行快速育肥,取得了很好效果。奶公犊初生时吃足初乳(12 小时 6 千克),1~50 日龄,每日每头全乳喂量 6 千克;51~60 日龄 5 千克;犊牛 10 日龄自由采食开食料和干草。2 月龄断奶,当体重 150 千克时开始育肥,采用阶段育肥技术。经过 12 个月的育肥,16 月龄左右出栏,体重可达到580 千克,平均日增重为 1.11 千克,屠宰率和净肉率分别达到53.52%和 43.51%,每天经济效益达到 16.38 元/头。奶公牛快速营养水平推荐值见表 5-7。

表 5-7　奶公牛快速营养水平推荐值

体重(千克)	代谢能(兆焦/千克)	粗蛋白质(%)	钙(%)	磷(%)
150	13.0~13.1	18~19	0.8	0.4
200	12.8~12.9	17~18	0.70	0.4
250	12.7~12.9	16~17	0.65	0.4
300	12.7~12.9	15~16	0.65	0.4
350	12.9~13.1	14.5~15.5	0.65	0.4

续表 5-7

体重(千克)	代谢能(兆焦/千克)	粗蛋白质(%)	钙(%)	磷(%)
400	13.1~13.3	13.5~14.5	0.60	0.4
450	13.4~13.5	13~14	0.65	0.35
500	13.5~13.6	12	0.65	0.35

管理包括以下几方面：

育肥舍消毒。育肥牛转入育肥舍前,对育肥舍地面等用2%火碱溶液喷洒,器具用1%新洁尔灭溶液或0.1%高锰酸钾溶液消毒。饲养用具也要经常洗刷消毒。

育肥舍应确保冬暖夏凉。当气温低于30℃以上时,应采取防暑降温措施。低于0℃时冬季扣上双层塑膜,要注意通风换气,及时排除氨气、一氧化碳等有害气体。

由于育肥时间较长,最好采取散栏式饲养,否则会影响肉牛健康,特别是利用奶公牛育肥时,奶公牛的肢蹄容易出问题,散放饲养有利于保证奶公牛健康和肢蹄健康。

犊牛断奶后驱虫1次,10~12月龄再驱虫1次;驱虫药可用左旋咪唑或阿维菌素。育肥牛要按时搞好疫病防治,经常观察牛采食、饮水和反刍情况,发现病情及时治疗。

(2)放牧加舍饲快速育肥(18月龄左右出栏)技术 夏季水草茂盛,也是放牧的最好季节,充分利用野生青草的营养价值高、适口性好和消化率高的优点,采用放牧育肥方式。当温度超过30℃,注意防暑降温,可采取夜间放牧的方式,提高采食量,增加经济效益。春、秋季应白天放牧,夜间补饲一定量的青贮饲料、氨化饲料、微贮秸秆等粗饲料饲料和少量精料。冬季要补充一定量的精饲料,适当增加能量饲料,提高肉牛的防寒能力,降低能量在基础代谢上的比例。

①放牧加补饲快速育肥(18月龄左右出栏)饲喂技术　在牧草条件较好的牧区,犊牛断奶后,以放牧为主,根据草场情况,适当补充精料或干草,使其在18月龄体重达400千克。要实现这一目标,犊牛在哺乳阶段,平均日增重应达到0.9～1千克,冬季日增重保持0.4～0.6千克,第二个夏季日增重在0.9千克。在枯草季节,对育肥牛每天每头补喂精料1～2千克。放牧时应做到合理分群,每群50头左右,分群轮牧。我国1头体重120～150千克牛需1.5～2公顷草场,放牧肥育时间一般在5～11月份,放牧时要注意牛的休息、饮水和补盐。夏季防暑,狠抓秋膘。

②放牧—舍饲—放牧快速育肥技术　此法适于9～11月份出生的秋犊。犊牛出生后随母牛哺乳或人工哺乳,哺乳期日增重0.6千克,断奶时体重达到70千克。断奶后以喂粗饲料为主,进行冬季舍饲,自由采食青贮料或干草,日喂精料不超过2千克,平均日增重0.9千克。到6月龄体重达到180千克。然后在优良牧草地放牧(此时正值4～10月份),要求平均日增重保持0.8千克,到12月龄可达到325千克。转入舍饲,自由采食青贮料或青干草,日喂精料2～5千克,平均日增重0.9千克,到18月龄,体重可达490千克。

(四)架子牛育肥技术

1. 架子牛选择

(1)架子牛品种选择　架子牛品种选择总的原则是基于我国目前的市场条件,以生产产品的类型、可利用饲料资源状况和饲养技术水平为出发点。

架子牛应选择生产性能高的肉用型品种牛和肉用杂交改良牛(肉牛作父本与我国黄牛杂交繁殖的后代)。生产性能较好的杂交组合有:利木赞牛与本地牛杂交后代,夏洛莱牛与本地牛杂交后代,西门塔尔牛与本地牛杂交改良后代,安格斯牛与本地牛杂交改良后代等。其特点是体型大,增重快,成熟早,肉质好。在相同的饲养管理条件下,杂种牛的增重、饲料转化率和产肉性能都要优于我国地方黄牛。

①西杂牛(西门塔尔牛与本地牛杂交后代) 毛色以黄(红)白花为主,花斑分布随着代数增加而趋整齐,体躯深宽高大,结构匀称,体质结实,肌肉发达;乳房发育良好,体型向乳肉兼用型方向发展。

②利杂牛(利木赞牛与本地牛杂交后代) 毛色黄色或红色,体躯较长,背腰平直,后躯发育良好,肌肉发达,四肢稍短,呈肉用型。

③夏杂牛(夏洛莱牛与本地牛杂交后代) 毛色为草白或灰白,有的呈黄色(或奶油白色),体型增大,背腰宽平,臀、股、胸肌发达,四肢粗壮,体质结实,呈肉用型。

④黑杂牛(荷斯坦牛与本地牛杂交后代) 毛色以全黑到大小不等的黑白花毛片,体躯高大、细致,生长快速,杂交三代牛呈乳用牛体型,趋于纯种奶牛。

另外,还有短角牛、安格斯牛等与本地牛杂交的改良牛,体型结构都较本地黄牛有明显改进。

如以生产高档牛肉为目的,除选择国外优良肉牛品种如和牛、安格斯与我国黄牛的一、二代杂交种或三元、四元杂交品种外,还应选择我国的优良黄牛品种如秦川牛、鲁西牛、南阳牛、晋南牛等。国内优良品种的特点是体型较大,肉质好,但增重速度慢,育肥期较长。用于生产高档牛肉的牛一般要求是阉牛。

(2)架子牛年龄的选择 根据肉牛的生长规律,目前牛的育肥大多选择在牛 2 岁以内,最迟也不超过 36 月龄,即能适合不同的饲养管理,易于生产出高档和优质牛肉,在市场出售时较老年牛有利。从经济角度出发,购买犊牛的费用较一二岁牛低,但犊牛育肥期较长,对饲料质量要求较高。饲养犊牛的设备也较大牛条件高,投资大。综合计算,购买犊牛不如购 1～2 岁牛经济效益高。

到底购买哪个年龄段的育肥牛主要应根据生产条件、投资能力和产品销售渠道考虑。

以短期育肥为目的,计划饲养 3～6 个月,而应选择 1.5～3 岁育成架子牛和成年牛,不宜选购犊牛、生长牛。对于架子牛年龄和体重的选择,应根据生产计划和架子牛来源而定。目前,在我国广大农牧区较粗放的饲养管理条件下,1.5～2 岁肉用杂种牛体重多在 250～300 千克,2～3 岁牛多在 300～400 千克,3～5 岁牛多在 350～400 千克。如果 3 个月短期快速育肥最好选体重 350～400 千克架子牛。而采用 6 个月育肥期,则以选购年龄 1.5～2.5 岁、体重 300 千克左右架子牛为佳。需要注意的是,能满足高档牛肉生产条件的是 12～24 月龄架子牛,一般牛年龄超过 3 岁,就不能生产出高档牛肉,优质牛肉块的比例也会降低。

在秋天收购架子牛育肥,第二年出栏,应选购 1 岁左右牛,而不宜购大牛,因为大牛冬季用于维持饲料多,不经济。

(3)架子牛性别的选择 性别影响牛的育肥速度,在同样的饲养条件下,以公牛生长最快,阉牛次之,母牛最慢,因此如果在 24 月龄以内肥育出栏的公牛,以不去势为好。牛的性别影响肉的质量。一般来说,母牛肌纤维细,结缔组织较少,肉味亦好,容易育肥;公牛比阉牛、母牛具有较多的瘦肉,肉色鲜艳,风味醇厚,较高的屠宰率和较大的眼肌面积,经济效益高;而阉牛胴体则有较多的脂肪。

(4)架子牛体型外貌选择 体型外貌是体躯结构的外部表现,在一定程度上反映牛的生产性能。选择的育肥牛要符合肉用牛的一般体型外貌特征。外貌的一般要求:

①从整体上看 体躯深长,体型大,脊背宽,背部宽平,胸部、臀部成一条线;顺肋、生长发育好、健康无病。无论侧望、上望、前望和后望,体躯应呈长矩形,体躯低垂,皮薄骨细,紧凑而匀称,皮肤松软、有弹性,被毛密而有光亮。

②从局部来看　头部重而方形；嘴巴宽大，前额部宽大；颈短，鼻镜宽，眼明亮。前躯要求头较宽而颈粗短。十字部的高度要超过肩顶，胸宽而丰满，突出于两前肢之间，肋骨弯曲度大而肋间隙较窄；鬐甲宜宽厚，与背腰在一直线上。背腰平直、宽广，臀部丰满且深，肌肉发达，较平坦；四肢端正，粗壮，两腿宽而深厚，坐骨端距离宽。牛蹄子大而结实，管围较粗；尾巴根粗壮。皮肤宽松而有弹性；身体各部位发育良好，匀称，符合品种要求；身体各部位齐全，无伤疤。

③应避免选择有如下缺点的肉用牛　头粗而平，颈细长，胸窄，前胸松弛，背线凹，斜尻，后腿不丰满，中腹下垂，后腹上收，四肢弯曲无力，"O"形腿和"X"形腿，站立不正。

(5)根据肥育目标与市场进行选择　架子牛的选择应主要考虑市场供求，即考虑架子牛价与肥育牛（或牛肉）价之间差价，精饲料的价格、粗饲料的价格，乃至牛和饲料供求问题，以及供求的季节性、地区性、市场展望、发展趋势等。

2. 新购入架子牛的隔离与过渡饲养

(1)消毒　牛舍在进牛前用 20％生石灰或来苏儿消毒，门口设消毒池，以防病菌带入。牛体消毒用 0.3％过氧乙酸消毒液逐头进行 1 次喷体。新购入架子牛进场后应在隔离区隔离饲养 15 天以上，防止随牛引入疫病。

(2)饮水　由于运输途中饮水困难，架子牛往往会发生严重缺水，因此架子牛进入围栏后要掌握好饮水。第一次饮水量以 10～15 千克为宜，可加人工盐（每头 100 克）；第二次饮水在第一次饮水后的 3～4 小时，饮水时水中可加些麸皮。

(3)粗饲料饲喂方法　首先饲喂优质青干草、秸秆、青贮饲料，第一次喂量应限制，每头 4～5 千克；2～3 天以后可以逐渐增加喂量，每头每天 8～10 千克；5～6 天以后可以自由采食。

(4)饲喂精饲料方法　架子牛进场以后 4～5 天可以饲喂混

合精饲料,混合精饲料的量由少到多,逐渐添加,15 天内一般不超过 1.5 千克。

(5)分群饲养 按大小强弱分群饲养,每群牛数量以 10～15 头较好;傍晚时分群容易成功;分群的当天应有专人值班观察,发现角斗,应及时处理。牛围栏要干燥,分群前围栏内铺垫草。每头牛占围栏面积 4～5 米^2。

(6)驱虫 体外寄生虫可使牛采食量减少,抑制增重,育肥期延长。体内寄生虫会吸收肠道食糜中的营养物质,影响育肥牛的生长和育肥效果。一般可选用阿维菌素,一次用药同时驱杀体内外多种寄生虫。驱虫可从牛入场的第 5～6 天进行,驱虫 3 日后,每头牛口服健胃散 350～400 克健胃。驱虫可每隔 2～3 个月进行 1 次。如购牛是在秋天,还应注射倍硫磷,以防治牛皮蝇。

(7)其他 根据当地疫病流行情况,进行疫苗注射。勤观察架子牛的采食、反刍、粪尿、精神状态。有疫病征兆时应及时报告和处理。出现《中华人民共和国动物防疫法》规定的重大疫情时,应立即报告当地兽医防疫部门,按规定执行封锁、消毒与疫病扑灭措施。

3. 架子牛短期育肥技术

(1)架子牛育肥期的饲养管理原则

①尽量减少活动 对于短期育肥牛应减少活动,放牧育肥牛应选择距离较近的草场,尽量减少放牧运动量;对于舍饲育肥牛,每次喂完后可以每头单拴系木桩或休息栏内,缰绳的长度以牛能卧下为宜,这样可以减少营养物质的消耗,提高育肥效果,也可以按照体重大小分栏饲养。

②坚持"五定"、"五看"、"五净"的原则

"五定":定时:每天上午 7～9 时、下午 5～7 时各喂 1 次,间隔 8 小时,不能忽早忽晚。上、中、下午定时饮水 3 次。定量:每天的喂量,特别是精料量按每 100 千克体重喂精料 1～1.5 千克,不能

随意增减。定人:每个牛的饲喂等日常管理要固定专人,以便及时了解每头牛的采食情况和健康,并可避免产生应激。定刷拭:每天上、下午定时给牛体刷拭1次,以促进血液循环,增进食欲。定期称重:为了及时了解育肥效果,定期称重很必要。首先牛进场时应先称重,按体重大小分群,便于饲养管理。在育肥期也要定期称重。由于牛采食量大,为了避免称量误差,应在早晨空腹称重,最好连续称2天取平均数。

"五看":指看采食、看饮水、看粪尿、看反刍、看精神状态是否正常。

"五净":草料净:饲草、饲料不含沙石、泥土、铁钉、铁丝、塑料布等异物,不发霉不变质,没有有毒有害物质污染。饲槽净:牛下槽后及时清扫饲槽,防止草料残渣在槽内发霉变质。饮水净:注意饮水卫生,避免有毒有害物质污染饮水。牛体净:经常刷拭牛体,保持体表卫生,防止体外寄生虫的发生。圈舍净:圈舍要勤打扫、勤除粪,牛床要干燥,保持舍内空气清洁、冬暖夏凉。

③牛舍及设备常检修 缰绳、围栏等易损品,要经常检修、更换。牛舍在建筑上不一定要求造价很高,但应防雨、防雪、防晒、冬暖夏凉。

④采取阶段饲养法 根据肉牛生产发育特点及营养需要,架子牛从易地到育肥场后,把120～150天的育肥饲养期分为过渡期和催肥期2个阶段。

过渡期(观察、适应期):10～20天,因运输、草料、气候、环境的变化引起牛体一系列生理反应,通过科学调理,使其适应新的饲养管理环境。前1～2天不喂草料只饮水,适量加盐以调理胃肠,增进食欲;以后第一周只喂粗饲料,不喂精饲料。第二周开始逐渐加料,每天只喂1～2千克玉米粉或麸皮,不喂饼(粕),过渡期结束后,由粗饲料转为精饲料型。

催肥期:采用高精饲料日粮进行强度育肥催肥期1～20天,

日粮中精饲料比例要达到 45%～55%,粗蛋白质水平保持在 12%;21～50 天日粮中精料比例提高到 65%～70%,粗蛋白质水平为 11%;51～90 天日粮中饲量浓度进一步提高,精饲料比例达到 80%～85%,蛋白质含量为 10%。此外,在肉牛饲料中应加肉牛添加剂,占日粮的 1%。粗饲料应进行处理,麦秸氨化处理,玉米秸青贮或微贮之后饲喂。

⑤不同季节应采用不同的饲养方法

夏季饲养:气候过高,肉牛食欲下降,增重缓慢。在环境温度 8℃～20℃,牛的增重速度较快。因此,夏季育肥时应注意适当提高日粮的营养浓度,延长饲喂时间。气温 30℃ 以上时,应采取防暑降温措施。

冬季饲养:在冬季应给牛加喂能量饲料,提高肉牛防寒能力。不饲喂带冰的饲料和饮用冰冷的水。气温 5℃ 以下时,应采取防寒保温措施。

(2)架子牛舍饲育肥不同类型日粮配方

①氨化稻草类型日粮配方　饲喂效果,12～18 月龄体重 300 千克以上架子牛舍饲育肥 105 天,日增重 1.3 千克以上(表 5-8)。

表 5-8　不同育肥阶段各饲料日喂量　（千克/天·头）

阶　段	玉　米	豆　饼	磷酸氢钙	矿物微量元素	食　盐	碳酸氢钠	氨化稻草
前期(30 天)	2.5	0.25	0.060	0.030	0.050	0.050	20
中期(30 天)	4.0	1.0	0.070	0.030	0.050	0.050	17
后期(45 天)	5.0	1.5	0.070	0.035	0.050	0.080	15

②酒糟＋青贮玉米秸类型日粮配方　饲喂效果,日增重 1 千克以上。精料配方:玉米 93%,棉粕 2.8%,尿素 1.2%,石粉 1.2%,食盐 1.8%,预混料另加。不同体重阶段,精粗饲料用量见表 5-9。

表 5-9 不同体重阶段精粗饲料用量 （千克）

体 重	250～350	350～450	450～550	550～650
精 料	2～3	3～4	4～5	5～6
酒糟(鲜)	10～12	12～14	14～16	16～18
青贮(鲜)	10～12	12～14	14～16	16～18

③李建国、李英等在国家"九五"承担的"优质高效肉牛生产饲料配方库及日粮营养调控技术体系"课题使用的配方 依据反刍动物新蛋白质及能量体系,并通过运用能氮平衡理论,保证日粮能氮的高效利用,共进行了 5 个日粮类型配方试验,每个日粮类型通过 3 种营养水平(高、中、低)4 个体重阶段(300～350 千克、350～400 千克、400～450 千克、450～500 千克)的研究。下面介绍的是经过试验后所推荐的日粮配方。

青贮玉米秸类型日粮典型配方:青贮玉米秸是肉牛的优质粗饲料,合理的日粮配方可以更好地发挥肉牛生产潜力。育肥全程采取表 5-10 所推荐日粮,可比河北省传统的地方高棉粕日粮(低营养水平)日增重由 0.89 千克增加到 1.40 千克,提高 57.3%。

表 5-10 青贮玉米秸类型日粮配方和营养水平

体重阶段(千克)	精料配方(%)						采食量(千克/日·头)		营养水平(数量/日·头)			
	玉米	麸皮	棉籽粕	尿素	食盐	石粉	精料	青贮玉米秸	RND(个)	XDCP(克)	Ca(克)	P(克)
300～350	71.8	3.3	21.0	1.4	1.5	1.0	5.2	15	6.7	747.8	39	21
350～400	76.8	4.0	15.6	1.4	1.5	0.7	6.1	15	7.2	713.5	36	22
400～450	77.6	0.7	18.0	1.7	1.2	0.8	5.6	15	7.0	782.6	37	21
450～500	84.5	—	11.6	1.9	1.2	0.8	8.0	15	8.8	776.4	45	25

注:精料中另加 0.2% 的添加剂预混料。

酒糟类型典型日粮配方：酒糟作为酿酒的副产品，其营养价值因酿酒原料不同而异，酒糟中蛋白含量高，此外还含有未知生长因子，因此在许多规模化肉牛场中使用酒糟育肥肉牛。其育肥效果取决于日粮的合理搭制。育肥全程采取表 5-11 所推荐日粮，日增重比对照组（肉牛场惯用日粮）提高 69.71%。

表 5-11　酒糟类型日粮配方和营养水平

体重阶段（千克）	精料配方（%）						采食量（千克/日·头）			营养水平（数量/日·头）			
	玉米	麸皮	棉籽粕	尿素	食盐	石粉	精料	酒糟	青贮玉米秸	RND（个）	XDCP（克）	Ca（克）	P（克）
300~350	58.9	20.3	17.7	0.4	1.5	1.2	4.1	11.0	1.5	7.4	787.8	46	30
350~400	75.1	11.1	9.7·	1.6	1.5	1.0	7.6	11.3	1.7	11.8	1272.3	57	39
400~450	80.8	7.8	7.0	2.1	1.5	0.8	7.5	12.0	1.8	12.3	1306.6	52	37
450~500	85.2	5.9	4.5	2.3	1.5	0.6	8.2	13.1	1.8	13.2	1385.6	51	39

注：精饲料中另加 0.2% 的添加剂预混料。

干玉米秸类型日粮配方：农区有大量的作物秸秆，是廉价的饲料资源。但秸秆的粗蛋白质、矿物质、维生素含量低，特别是其木质化纤维结构造成消化率低、有效能量低，成为影响秸秆营养价值及饲用效果的主要因素。对干玉米秸类型日粮进行合理营养调控，可改善饲料转化率。育肥全程采取表 5-12 所推荐的日粮，平均日增重由对照组的 1.03 千克提高到 1.33 千克，相对提高 29.13%，缩短育肥出栏时间 46 天，年利润提高 10.07%。

表 5-12 干玉米秸类型日粮配方和营养水平

体重 阶段 （千克）	精料配方 （%）						采食量 （千克/日·头）			营养水平 （数量/日·头）			
	玉米	麸皮	棉籽粕	尿素	食盐	石粉	精料	干玉米秸	青贮玉米秸	RND（个）	XDCP（克）	Ca（克）	P（克）
300～350	66.2	2.5	27.9	0.9	1.5	1	4.8	3.6	0.5	6.1	660	38	27
350～400	70.5	1.9	24.1	1.2	1.5	0.8	5.4	4.0	0.3	6.8	691	38	28
400～450	72.7	6.6	16.8	1.43	1.5	1	6.0	4.2	1.1	7.6	722	37	31
450～500	78.3	1.6	16.3	1.77	1.5	0.5	6.7	4.6	0.3	8.4	754	36	32

注：精料中另加 0.2% 的添加剂预混料。

氨化处理麦秸＋青贮玉米秸类型日粮配方：麦秸氨化处理明显改善了秸秆的纤维结构，提高了秸秆的营养价值与可消化性，但缺乏青绿饲料富含的维生素等养分，与玉米秸青贮合理搭配，可产生青饲催化及秸秆组合效应，是一种促进秸秆科学利用颇具潜力的日粮类型。育肥全程使用推荐日粮（表 5-13），可使日增重由对照组的 1.05 千克增加到 1.26 千克，提高 20%，缩短出栏天数 31 天，年利润提高 13.38%。

表 5-13 氨化麦秸＋青贮类型日粮配方和营养水平

体重 阶段 （千克）	精料配方 （%）						采食量 （千克/日·头）			营养水平 （数量/日·头）			
	玉米	麸皮	棉籽粕	尿素	食盐	石粉	精料	玉米秸青贮	氨化麦秸	RND（个）	XDCP（克）	Ca（克）	P（克）
300～350	55.7	22.5	20.0	0.6	1.0	0.2	4.04	11.0	3.0	6.10	660	38	22
350～400	61.4	19.3	17.2	1.1	1.0	—	4.25	13.0	3.5	6.8	691	39	21
400～450	69.6	14.6	13.0	1.8	1.0	—	4.71	15.0	4.0	7.6	722	37	22
450～500	74.4	12.0	10.4	2.2	1.0	—	4.99	17.0	4.5	8.4	754	36	23

注：精料中另加 0.2% 的添加剂预混料。

⑤玉米秸微贮类型日粮配方 玉米秸微贮后,质地柔软,气味芳香,适口性好,消化率提高,制作季节延长。在育肥全程使用表 5-14 所推荐的配方可由传统日粮的日增重 1.06 千克增加到 1.36 千克,提高 28.44%,出栏天数可缩短 43 天,年经济效益提高 38.39%。

表 5-14 玉米秸微贮类型日粮配方和营养水平

体重阶段（千克）	精料配方（%）					采食量（千克/日·头）		营养水平（数量/日·头）			
	玉米	麸皮	棉饼	尿素	石粉	精料	玉米秸微贮	RND（个）	XDCP（克）	Ca（克）	P（克）
300～350	64.6	—	33.9	0.59	0.91	4.35	12	6.1	660	660	38
350～400	55.6	23.1	20.5	0.05	0.70	4.20	15	6.8	691	38	21
400～450	63.5	18.7	16.7	0.73	0.37	4.4	18	7.6	722	37	22
450～500	68.6	16.2	14.1	1.06	0.13	4.7	20	8.4	7.54	36	23

注:由于处理玉米秸中已加入了食盐,故日粮中不再添加。精料中另加 0.2%的添加剂预混料。

(五)高档牛肉生产技术

随着消费水平的提高,人们对高档牛肉和优质牛肉的需求不断急剧增加,育肥高档肉牛、生产高档牛肉,具有十分显著的经济效益和广阔的发展前景。为提高高档牛肉量、高屠宰率,在肉牛的育肥饲养管理技术上有着严格的要求。

1. 高档牛肉的基本要求 所谓高档牛肉,是指能够作为高档食品的优质牛肉,如牛排、烤牛肉、肥牛肉等。优质牛肉的生产,肉牛屠宰年龄在 12～18 月龄的公牛,屠宰体重 400～500 千克。高档牛肉的生产,屠宰体重 600 千克以上,以阉牛育肥为最好;高档牛肉在满足牛肉嫩度剪切值 3.62 千克以下、大理石花纹 1 级或 2 级、质地松弛、多汁色鲜、风味浓香的前提下,还应具备产品的安全性即可追溯性以及产品的规模化、标准化、批量化和常态化。高档肉牛经过高标准的育肥后其屠宰率可达 65%～75%,其中高档牛肉量可占到胴体重的 8%～12%,或是活体重的 5% 左右。85% 的牛肉可作为优质牛肉,少量为普通牛肉。

(1)品种与性别要求 高档牛肉的生产对肉牛品种有一定的要求,不是所有的肉牛品种都能生产出高档牛肉。经试验证明,某些肉牛品种如西门塔尔、婆罗门等品种不能生产出高档牛肉。目前,国际上常用安格斯、日本和牛、墨累灰等及以这些品种改良的肉牛作为高档牛肉生产的材料。国内的许多地方品种如秦川牛、晋南牛、鲁西牛、南阳牛、延边牛、郏县红牛、复州牛、渤海黑牛、草原红牛、新疆褐牛等品种适合用于高档牛肉的生产。或用地方优良品种导入能生产高档牛肉的肉牛品种生产的杂交改良牛可用于高档牛肉的生产。

生产高档牛肉的公牛必须去势,因为阉牛的胴体等级高于公牛,而阉牛又比母牛的生长速度快。母牛的肉质最好。

(2)育肥时间要求 高档牛肉的生产育肥时间通常要求在 18～24 月,如果育肥时间过短,脂肪很难均匀地沉积于优质肉块的肌肉间隙内;如果育肥牛年龄超过 30 月龄,肌间脂肪的沉积要求虽到达了高档牛肉的要求,但其牛肉嫩度很难到达高档牛肉的要求。

(3)屠宰体重要求 屠宰前的体重达到 600～900 千克,没有这样的宰前活重,牛肉的品质则达不到高档级标准。

2. 育肥牛营养水平与饲料要求

7～13 月龄日粮营养水平:粗蛋白质 12%～14%,消化能 12.54～13.38 兆焦/千克,或总可消化养分 70%。精饲料占体重 1%～1.2%,自由采食优质粗饲料。

14～22 月龄日粮营养水平:粗蛋白质 14%～16%,消化能 13.79～14.63 兆焦/千克,或总可消化养分 73%。精饲料占体重

1.2%～1.4%,用青贮饲料和黄色秸秆搭配精饲料。

23～28月龄日粮营养水平:日粮粗蛋白质11%～13%,消化能13.79～14.63兆焦/千克,或总可消化养分74%,精饲料占体重1.3%～1.5%。此阶段为肉质改善期,应喂或不喂含各种能加重脂肪组织颜色的草料,如黄玉米、南瓜、红胡萝卜、青草等。改喂可使脂肪白而坚硬的饲料,如麦类、麸皮、麦糠、马铃薯和淀粉渣等,粗饲料最好用含叶绿素、叶黄素较少的饲草,如玉米秸、谷草、干草等。在日粮变动时,要注意做到逐渐过渡。一般要求精饲料中麦类大于25%、大豆粕或炒制大豆大于8%,棉粕(饼)小于3%,不使用菜籽饼(粕)。

按照不同阶段制定科学饲料配方,注意饲料的营养平衡,以保证牛的正常发育和生产的营养需要,防止营养代谢障碍和中毒疾病的发生。

3. 高档牛肉育肥牛的饲养管理技术

(1)育肥公犊标准和去势技术

①标准犊牛 胸幅宽,胸垂无脂肪、呈V形;育肥初期不需重喂改体况;食量大、增重快、肉质好;发病少。

②不标准犊牛 胸幅窄,胸垂有脂肪、呈U形;育肥初期需要重喂改体况;食量小、增重慢、肉质差;易患肾、尿结石,突然无食欲,发病多。

用于生产高档牛肉的公犊,在育肥前需要进行去势处理,应严格在4～5月龄(4.5月龄阉割最好),太早容易形成尿结石,太晚影响牛肉等级。

(2)饲养管理技术

①分群饲养 按育肥牛的品种、年龄、体况、体重进行分群饲养,自由活动,禁止拴系饲养。

②改善环境、注意卫生 牛舍要采光充足,通风良好。冬天防寒,夏天防暑,排水通畅,牛床清洁,粪便及时清理,运动场干燥

无积水。要经常刷拭或冲洗牛体,保持牛体、牛床、用具等的清洁卫生,防止呼吸道、消化道、皮肤及肢蹄疾病的发生。舍内垫料多用锯末子或稻皮子。饲槽、水槽3~4天清洗1次。

③充足给水、适当运动 肉牛每天需要大量的饮水,保证其洁净的饮用水,有条件的牛场应设置自动饮水装置。如由人工喂水,饲养人员必须每天按时供给充足的清洁饮水。特别是在炎热的夏季,供给充足的清洁饮水是非常重要的。同时,应适当给予运动,运动可增进食欲,增强体质,有效降低前胃疾病的发生。沐浴阳光,有利育肥牛的生长发育,有效减少佝偻病的发生。

④擦拭、按摩 在育肥的中后期,每天对育肥牛用毛刷和手对其全身进行刷拭和按摩2次,来促进体表毛细血管血液的流通量,有利于脂肪在体表肌肉内均匀分布,在一定程度上能提高高档牛肉的产量,这在高档牛肉生产中尤为重要,也是最容易被忽视的细节。

(3)育肥牛的疾病防治技术 育肥牛的疾病防治应坚持预防为主、防重于治的方针。严格按照卫生防疫制度执行。

第六章 肉牛常见疫病的防控技术

一、肉牛场的卫生消毒

消毒的目的是杀灭或清除外界环境中的病原体,切断其传播途径,防止疫病流行。在肉牛疫病的防控中对健康的、发病和死亡的牛都要进行有效的消毒。

(一)消毒的分类

肉牛传染病的发生,不外乎 3 个环节和 2 个因素,即传染源、传播途径、牛群体的易感性和环境因素、社会因素。在肉牛疫病的预防及在扑灭肉牛疫病的过程中,都需要消毒。消毒的目的不同,消毒的方法也存在差异。

1. 定期消毒 定期消毒也称为预防消毒,即传染病发生前所进行的消毒。一般肉牛场定期消毒制度如下。

第一,圈舍的消毒采取每天 1~2 次用机械清除消毒法,以清除病原体,每 2 周 1 次用化学消毒法对圈舍四壁、地面、饲槽、圈舍周围地面、运动场地面、牛体表等进行喷洒消毒。门口消毒池内的消毒药液每 3 天更换 1 次,同时做好药液的及时追加;牛只出售后,牛舍等用机械清除消毒法和化学消毒法进行充分消毒后,圈舍空 7~14 天后才能购进新牛群,防止病原微生物交叉感染。

第二,牛场内所有的用具每 2 周用机械清除消毒法和化学消毒法进行彻底消毒;工作服、工作鞋要经常清洗,定期用紫外线灯照射或药液浸泡消毒；进出牛场的车辆，先用机械清除消毒法消毒后再用化学消毒法消毒，才能装运牛只。

第三，任何人进出牛场都必须更换工作服和工作鞋，经消毒后方可进出。

第四，牛场内的粪便、污水、污物等，能直接燃烧部分做烧毁消毒，其余部分用坑、堆积发酵法等消毒。

2. 临时消毒 临时消毒也称为应急性消毒，即传染病发生时所进行的消毒。发生重大疫病时，病死牛和扑杀牛烧毁消毒。圈舍、用具、放牧地用机械消毒法和喷洒消毒法消毒，每天 1 次，连续 7 天；粪便、污水、污物能直接燃烧部分做烧毁消毒，其余部分用坑、堆发酵法消毒。

3. 终末消毒 即发病地区消灭了某种疫病，在解除封锁前，为了彻底地消灭传染病的病原体而进行的最后消毒。在进行这种消毒时，不仅牛周围的一切物品、牛舍要消毒，连痊愈牛的体表也要消毒。这种消毒除根据疫病的性质采取专项消毒方法和消毒药品外，还需要一般的消毒方法和消毒药品配合消毒，以达到环境良好，促进牛体尽早恢复健康。

（二）消毒的方法

1. 机械清除消毒法 机械清除消毒法包括清扫、洗刷、通风等方法清除病原体，是生产中最普遍、最常用的方法。这种方法不能杀灭病原菌，只是创造不利于微生物生长、繁殖的环境条件。若遇到传染病，需同其他消毒方法一并进行，并预先用消毒药液喷洒，然后再清扫。所以，这种方法是其他有效消毒的基础。

2. 物理消毒法

(1) 日光、紫外线和干燥消毒 杀菌力最大的波长为 $2\times10^{-7}\sim3\times10^{-7}$ 米范围的光线，此正是紫外线，它可透过空气到达地面，具有显著的杀菌作用。在直射日光下,不少细菌和病毒都被杀死。但消毒工作中,日光仅能起辅助作用,而不能单独应用。

①紫外线灯 常用于空气消毒,或用于不能用热能、化学药品消毒的器械(胶质做成的器械)的消毒。紫外线的消毒效果取决于细菌的耐受性、紫外线的密度和照射的时间。紫外线对细菌的致死量一般为 0.05~50 毫瓦/厘米^2。紫外线的杀菌作用主要使菌体内核酸和蛋白质变性引起细菌死亡。

②干燥 能使微生物水分蒸发,故有杀灭微生物的作用,但效果次于阳光。各种微生物因干燥而死亡的时间各有不同,如结核杆菌、葡萄球菌,虽经长时间干燥(10 个月或几年)也不死亡,所以在生产上的应用受到限制。

(2)高温消毒 高温对于微生物有致死作用,故在消毒工作中广泛应用。高温消毒常用如下几种方式。

①焚烧 焚烧是一种最可靠的消毒方法,通常用于被烈性传染病污染的情况下,以达到消毒的目的。

使用焚烧炉时,按其装置的常规用法使用;用烧柴焚烧时,注意应有充足的烧柴(为尸体重量的 2 倍)及辅助燃料(秸秆、干草、沥青、煤油、汽油等)。依焚烧牛尸的多少挖坑,将尸体放在烧柴上,点燃秸秆,使之完全焚烧。焚烧后所剩的骨灰等物必须埋于土中;焚烧的场所及其附近必须消毒。

②煮沸 煮沸消毒是一种经济方便,应用广泛而效果确实的好方法。一般细菌在 100℃ 开水中煮沸 3~5 分钟即可杀死,在60℃~80℃热水中 30 分钟死亡,多数微生物煮沸 2 小时以上,几乎可以完全杀死。消毒对象主要是金属器械、玻璃器皿、工作衣帽等。金属器械煮沸消毒时,水中加入 1%~2%碳酸氢钠(小苏打)既可提高水温、去污垢,又可提高杀菌能力和消毒效果。

③蒸汽 即利用高温蒸汽的湿热,达到消毒的作用。蒸汽传热快、温度高、穿透力强,是一种理想的消毒方法。

高压蒸汽消毒：一般使用高压灭菌锅，通常121℃、30分钟即可彻底地杀死细菌和芽孢。所有不因湿热而损坏的物品，如培养基、玻璃器材、金属器械、培养物、病料等，都可用此法消毒。使用高压灭菌锅时，一定要排除完高压灭菌锅内的冷空气，以缩短时间，提高温度，达到理想的消毒效果。另外，就是湿化机，主要用于尸体和废弃品的化制。

一般蒸汽消毒：即像蒸馒头一样使热气通过要消毒的物品，将病原体杀死，故一切耐热、耐潮湿的物品均可放入铁锅内、蒸笼中用此法消毒。

④干烤　干热空气的杀菌作用，在效力上虽然不如蒸汽，160℃干热空气1小时的效果相当于121℃湿热作用10～15分钟。一般细菌繁殖体在100℃、90分钟杀死，而芽孢则需140℃、3小时。因此，在利用干烤箱施行消毒灭菌时，通常采用160℃～170℃、2～3小时干烤。

干烤箱中的干热空气温度高于100℃时，对棉织物、毛织物、皮革类等有机物制品均有损坏作用，故干烤方法不适宜这些物品的消毒。

3. 化学消毒法　因为化学药品的消毒作用要比一般的消毒方法速度快、效率高，能在数分钟之内使药力透过病原体，将其杀死，故常采用之。

(1) 常用的化学消毒药　根据消毒工作要求，目前，常把化学消毒药归纳为酸类消毒药、碱类消毒药以及酚类、醇类、醛类、卤素、重金属盐类、氧化剂、杂环类、双缩胍类、表面活性剂、抗生素、除臭剂等的衍变物。

①酸类消毒药　常用的有盐酸、硝酸、硫酸、磷酸、柠檬酸、甲酸、羟基乙酸、氨基磺酸、乳酸等。无机酸主要是靠氢离子（H^+）的作用，有机酸一般是整个分子或氢离子的作用，乳酸、醋酸的蒸气有杀病毒作用，一般按6～12毫升/米^{3}投药进行蒸气消毒。

②碱类消毒药 碱类的杀菌性能，依其氢氧离子浓度而定（羟基-OH），氢氧离子越浓，杀菌力越大。在室温中，强碱能水解蛋白质和核酸，使细菌的酶系统和结构受到损害。碱类还能破坏细菌细胞，使细胞死亡。

氢氧化钠（NaOH）：又称苛性钠。是常用碱类消毒药，对于细菌和病毒均具有显著的杀灭作用，2％～4％溶液能杀死病毒和细菌繁殖体。氢氧化钠1％～2％热溶液被用来消毒病毒性传染病所属污染的牛舍、地面和用具。结核杆菌对于氢氧化钠的抵抗力较其他菌强，10％氢氧化钠液需24小时才能杀死。消毒病理解剖室一般用10％氢氧化钠热溶液。本品对金属有腐蚀性，消毒完毕要求洗干净。

生石灰（CaO）：呈碱性，有消毒灭菌作用，但不易保存，容易失效，所以在实际应用中效果不可靠。如果把生石灰1份加水1份制成熟石灰（氢氧化钙），然后用水配成10％～20％的悬浮液，即成石灰乳，有相当强的消毒作用，但它只适宜粉刷墙壁、圈栏、消毒地面、沟渠和粪尿池。若熟石灰存放过久，吸收了空气中的二氧化碳，变成碳酸钙，则失去消毒作用。因此，在配制石灰乳时，应随配随用，以免失效浪费。生石灰1千克加水350毫升化开而成的粉末可撒在阴湿地面、粪池周围进行消毒。直接将生石灰粉撒在干燥地面上，不发生消毒作用。

草木灰水：是用新鲜干燥的草木灰20千克加水100升，煮沸20～30分钟（边煮边搅拌，草木灰因容积大，可分2次煮），去渣使用，可用于消毒牛舍地面。各种草木灰中含有不同量的苛性钾和碳酸钾，一般20％的草木灰水消毒效果与1％氢氧化钠溶液相当。

氨水：因气味大而少用于室内，实验证明，用于粪便消毒很有前途，是一种良好的消毒药。使用浓度为1％～5％。

③酚类消毒剂 酚类消毒药多数为苯的衍生物，其杀菌主要

靠非电离分子,如苯酚、煤酚皂、煤焦油皂等,近年来出现了卤酚、双酚、复合酚等衍生物,如氯代苯酚、氯二甲苯酚等,其效果比石炭酸大多倍,毒性低,有效期长,原料来源广泛,对某些病毒有杀灭作用,但有一定公害,需逐步改进。

酚类消毒药由煤炭或石油蒸馏的副产品中得来,也可用合成法制取。这类消毒药除石炭酸能溶于水外,其他则略溶于水,所以多与肥皂混合成乳状液,如来苏儿、臭药水等。乳化的杀菌剂具有更强的杀菌力,这是因为细菌颗粒集中在乳化剂的表面,因而与细菌接触的浓度相应地增加了,使菌膜损害,使蛋白质发生变性或沉淀,还能抑制特异的酶系统,如脱氢酶、氧化酶等。

克辽林(臭药水):是含有煤酚、饱和及不饱和的碳氢化合物、树酯酸和吡啶盐基的制剂,为暗褐色油状物,主要取自煤焦油和泥煤焦油、木焦油,因而有煤克辽林、泥煤克辽林、木焦克辽林之别。克辽林为强力的消毒剂,常用5%热溶液消毒用具、器械、胶靴、阴沟、厕所、污水池等。

石炭酸(苯酚、酚):有特殊气味,价格较高,对动物细胞有毒性,特别是对神经细胞;5%以上溶液刺激皮肤黏膜,使手指麻痹;对真菌、病毒作用不大。

来苏儿(煤酚皂溶液、甲酚皂溶液、复方煤溜油醇溶液):是由煤酚500毫升与豆油(或其他植物油)300克、氢氧化钠43克配成,常用浓度为2%~5%,有可靠的消毒与除臭效果。

煤酚(甲酚):是由煤溜油中所得甲酚的各种异构体的混合物,其杀菌力强于石炭酸,腐蚀性及毒性则较低。常用消毒浓度为0.5%~1%。

六氯酚:为白色或微棕色粉末,无臭,不溶于水,易溶于醇,常用其2%~3%的液体肥皂制剂或其0.5%~1%的溶液涂擦消毒。

④醛类消毒剂

甲醛:甲醛呈弱酸性,呈醛基化作用,曾广泛用于喷雾和熏蒸消毒,是一种强力消毒药。0.5%甲醛溶液 6～12 小时能杀死所有芽孢和非芽孢的需氧菌,48 小时杀死产气荚膜杆菌,真菌孢子对甲醛的抵抗力也很弱。甲醛的杀菌作用在于它的还原作用。甲醛能和细菌蛋白质的氨基结合,使蛋白变性。甲醛蒸气消毒法,即利用氧化剂和甲醛水溶液作用,而产生高热蒸发甲醛和水。通常用高锰酸钾作氧化剂。消毒前,先将纸条密封门窗缝隙,消毒时间最少要 12 小时,室内温度要保持在 18℃以上,消毒物品必须与蒸汽密切结合,消毒完毕的房舍,应蒸发氨气以中和剩下的甲醛蒸气(除臭)。通常每 100 米³ 用氯化铵 500 克、生石灰 1 000克和热水 750 毫升产生氨气。一般场合常用它的稀释液福尔马林,即 40%(重量/容积)的甲醛溶液。为了防止发生化学反应,福尔马林中还加有 10%～15%甲醇。

戊二醛:商品是其 25%(重量/容积)水溶液。常用其 20%溶液,溶液呈酸性反应,以 0.3%碳酸氢钠作缓冲,使 pH 值调整至7.5～8.5,杀菌作用显著增强。戊二醛溶液的杀菌力比甲醛更强,为快速、高效、广谱消毒药,性质稳定,在有机物存在情况下,不影响消毒效果,对物品无损伤作用。目前,国内生产的有两种剂型,即碱性戊二醛及强化酸性戊二醛,常用于不耐高温的医疗器械消毒,如金属、橡胶、塑料和有透镜的仪器等。

⑤氧化剂消毒药

漂白粉:漂白粉具有特别浓的气味。漂白粉在水溶液中分解,产生新生氧和氯,新生氧和有效氯都具有杀菌作用。漂白粉含有效氯高低不同,市售品一般含有效氯为 25%～33%,常用于日常和定期的大消毒,其配方:每 100 升水加漂白粉 10 千克(以含 25%有效氯的漂白粉为标准)配成 20%的溶液(含有效氯5%),这样的浓度能在短时间内杀死绝大多数微生物。漂白粉用于消毒饮水、污水、牛舍、车间、用具、车船、土壤、排泄物等,消毒后通风,以防中毒。对金属器械或衣物有腐蚀作用。漂白粉用于空间消毒时,为了防止分子氯的产生和增强消毒能力,可将漂白粉配成 1％的溶液,而后按 2％的量加入磷酸二氢钠(NaH_2PO_4)或过磷酸钙(使溶液保持 pH 值为 4),加热煮沸。漂白粉的用量按 1 克/米³ 计。

过氧化氢、臭氧:因生产工艺的突破,本身又无公害,增加了使用价值。

过氧乙酸:是一种应用广泛,适宜低温,高效快速,其溶液和气体都能杀灭细菌繁殖体、芽孢、霉菌和病毒等多种微生物。过氧乙酸的优点:一是对各类微生物都有效,使用浓度低,消毒时间很短;二是毒性低微或几乎无毒,其分解产物是水和氧等,全无毒性,使用后可不加清洗,亦无残毒;三是容易制作,原料易得,如冰醋酸、过氧化氢、硫酸;四是使用方便,常温、低温、喷雾、熏蒸、浸泡、泼洒均有良效。其缺点:对金属有一定的腐蚀性;蒸汽有刺激性;高浓度(40％以上)有爆炸性;穿透力差。

次氯酸钠:在卤素消毒剂中有氧化作用的还有次氯酸钠,也是高效的氧化消毒药。

氯亚明(氯胺):为结晶粉末,含有效氯 11％以上。性质稳定,在密闭条件下可长期保存,携带方便,易溶于水。消毒作用缓慢而持久。

⑥醇类消毒剂 常用的主要是乙醇,它的消毒作用不因浓度的增加而加大,因为当浓度过大时,如无水乙醇、95％乙醇作用于菌体时,使菌体周围的有机质凝固形成较致密的蛋白保护膜,又因为乙醇的穿透能力较差,所以杀菌力降低。故常采用 70％～75％乙醇溶液,实践证明,此浓度消毒效果最佳。乙醇多用于实验操作与手术操作有关方面的消毒,或作为其他化学消毒剂的配制原料。

⑦卤素类消毒剂 此类消毒剂包括氟、氯、溴、碘等,有良好的消毒作用。无机氯不稳定,有机氯及其衍生物有发展前途。因

卤素活泼,对菌体有亲和力,含氯高的氯化物如二氯异氰尿酸,已广泛应用。

碘的复合剂中有非表面离子活性剂、阳离子、阴离子表面活性剂3种类型,它能杀死脊髓灰质炎病毒,但受蛋白质影响较大,进口的雅好生是一种碘制剂。

有机溴的新制剂比有机氯的制剂好,无刺激性,少异味,如二溴异氰尿酸、溴氯二甲基异氰尿酸等,能杀死肠道菌和病毒。

⑧表面活性剂消毒剂 如新洁尔灭、度米芬、消毒净、洗必泰、杂环类等均属此类。

新洁尔灭,在水溶液中,它以阳离子形式与微生物体表面结合,引起菌外膜损伤和菌体蛋白变性,破坏细菌的代谢过程,对微生物的营养细胞有杀灭作用。新洁尔灭在高度稀释时,也有强烈的抑菌作用,当稀释度较小时有杀菌作用,是一种有效的无毒消毒药。通常以0.1%溶液即可消毒手指、手术部位和器械等,常作为兽医卫生人员自身防护消毒用药。

⑨重金属盐类消毒药 消毒效果的次序为:汞离子>铜离子>铁离子>银离子>锌离子。

硫酸亚铁因呈淡绿色,亦称绿矾、青矾或皂矾。使用方法:消毒时配成1%~2%溶液喷雾即可,配制时要用石蕊试纸测其pH值,最好在2.9~3.5。因粪尿多呈弱碱性,故应先扫除再消毒,并且不宜与碱性消毒药混用,以防青矾药效降低。喷雾后可不经水冲洗即可进牛。

⑩气体烷基化类消毒药 目前,有甲醛、环氧乙烷、环氧丙烷、溴甲烷、乙型丙内酯等烷基化气体消毒剂,其杀菌效果的次序为:乙型丙内酯>甲醛>环氧乙烷>环氧丙烷>溴甲烷。

环氧乙烷是应用最广泛的化学气体杀菌剂,其特点是杀菌广谱,对多数物品无损害作用,便于对大宗物品进行消毒处理。因此,对精密仪器、电子仪器和受热易破坏的仪器、物品等,是一种理想的杀菌药。对橡胶、塑料有轻微损害,穿透力比较强,能穿透纺织品、橡胶、薄的塑料和水的浅层,达到表面和一定深度的消毒作用。

⑪抗生素类消毒药　这类消毒剂的使用应慎重,因为不少抗生素类药物对消毒物品有残留作用,尤其对食品的防腐消毒,应注意对人体的危害。

⑫中草药植物消毒药　用中药苍术、艾叶、贯仲等配以香料、黏合剂、助燃剂制成消毒香,其消毒效果与乳酸、甲醛等的消毒效果相似。

此外,可用于消毒灭菌的中草药有穿心莲、千里光、四季青、金银花、板蓝根、黄柏、黄连、黄芩、大蒜、秦皮、马齿苋、龙葵、鱼腥草、野菊花、苦参、连翘、败酱草、大黄、虎杖、紫草、百部、夏枯草等。

⑬复合消毒药　这类消毒药的发展是一个新动向,如日本的病毒消毒药"巴克雷"就是一种含氯的复合消毒剂。国内用 24% 多聚甲醛加 76% 二氯异氰尿酸钠合剂熏蒸消毒;复方高锰酸钾即 0.1% 高锰酸钾加 0.05% 硫酸能杀灭病毒;用 0.3% 乳酸及甲酸混合液消毒;用肥皂石炭酸复合剂消毒;新的"菌毒敌"等,均属于此类。

(2)影响化学药物消毒作用的主要因素　消毒的效果取决于消毒剂的性质及其活性,还跟病原体的抵抗力和其所处环境的性质,消毒时的温度、用量和作用时间等有关系。因此,在选择消毒药时,应考虑下述因素。

①药物的选择性　某些药物的杀菌、抑菌作用有选择性,如碱性药物对革兰氏阳性菌的抑菌力强。

②药物浓度　消毒剂消毒的效果,一般和其浓度成正比,即消毒药越浓,其消毒效力越强,如石炭酸的浓度减低 1/3 时,其效力降低到 1/81~1/729。但也不能一概而论,如 75% 酒精溶液比其他浓度的酒精溶液消毒效力都强。

③温度　温度升高,杀菌作用增强,温度每升高 10℃,石炭酸

的消毒作用增加 5～8 倍。金属盐类消毒作用增加 2～5 倍。

④酸碱度　酸碱度对细菌和消毒剂都有影响,酸碱度改变时,细菌电荷也相应地改变。碱性溶液中,细菌带阴电荷较多,所以阳离子型消毒药的抑菌、杀菌作用强;酸性溶液中,则阴离子型消毒药杀菌效果较好。同时,酸碱度也能影响某些消毒药的电离度,一般来说,未经电离的分子较易通过菌膜,杀菌力强。

⑤有机物的影响　有机物的存在,可使许多药物的杀菌作用大为降低。有机物,特别是蛋白质,能和许多消毒剂结合,降低药物效能。有机物被覆菌体,阻碍药物接触,对细菌起到机械的、化学的保护作用。因此,对于分泌物、排泄物的消毒,应选用受有机物影响较小的消毒剂。

⑥接触时间　细菌与消毒剂接触时间越长,细菌死亡越多。杀菌所需时间与药物浓度也有关系,升汞浓度每增高 1 倍,其杀菌时间减少一半;石炭酸浓度增加 1 倍,则杀菌时间缩小至 1/64。

⑦微生物性状　微生物的类属、特殊构造(芽孢、荚膜)、化学成分、生长时期和密度等,都对消毒剂的作用有影响。

⑧消毒剂的物理状态　只有溶液才能进入菌体与原生质作用,固体、气体都不能进入菌体细胞。所以,固体消毒剂必须溶于被消毒部分的水分中,气体消毒剂必须溶于细菌周围的液层中,才能呈现杀菌作用。

⑨表面张力　表面张力降低时,围绕细菌的药物浓度较溶液中的药物浓度为高,杀菌力量加强;反之,如杀菌药中有很多有机颗粒存在,则杀菌药吸附于所有这些颗粒上,细菌外围的药物浓度则降低,因而影响了杀菌作用。

⑩腐蚀性和毒性　升汞对金属物品有强腐蚀作用,因而这些消毒剂在应用上受很大限制。福尔马林对人和牛都有毒性,使用时要严格控制剂量。

⑪消毒对象的影响　一般碱性消毒剂用于酸性对象最有效,

氧化剂用于还原性质的对象最有效。

(3)理想的化学消毒药 应该是高效、快速、低浓度、易溶解、低毒性、少公害、无致癌、杀菌谱广、性能稳定、廉价易得、运输方便、使用方便、耐高温、抗低温、便于喷雾、撒布和熏蒸等方法的实施等。也就是说,对病原微生物的杀菌作用强,短时间内奏效,杀菌力不因有机物存在而减弱,对人和牛的毒性小或无害;不损伤被消毒的物品,易溶于水,与被消毒环境中常见的物质(钙盐、镁盐)有最小的化学亲和力。

4.生物消毒法 生物消毒法即对粪便、污水和其他废弃物的生物发酵处理。

首先在平地或土坑内铺一层麦秸或杂草、树叶等,再将粪便堆积成馒头形,最后用泥封顶。因为粪便和土壤中有大量有机物和大量的嗜热菌、噬菌体及土壤中的某些抗菌物质,它们对于微生物有一定的杀灭作用。它们在生物发酵过程中能消灭其中的各种芽孢菌、寄生虫幼虫及其虫卵。其原因,由于嗜热菌可以在高温下发育(嗜热菌的最低温界为35℃、适温为50℃~60℃、高温为70℃~80℃)。在堆肥中,开始阶段由于一般非嗜热菌的发育,使堆肥内的温度提高到30℃~35℃,此后嗜热菌便发育而将堆肥的温度逐渐提高到60℃~75℃。在此温度下,大多数抵抗力不强的病原菌、寄生虫幼虫及其虫卵,在几天到3~6周便死亡。

5.综合消毒法 机械的、物理的、化学的、生物学的等消毒方法结合起来进行的消毒,如化学药品超容量法、静电喷雾、土壤增温剂的应用,以及粪便、氨水生物热的消毒等均属此类。实际上,在兽医卫生各个领域中的消毒实施中,多有综合消毒法的利用,可确保消毒效果。

二、肉牛的防疫

（一）主要传染病的免疫

免疫接种不仅需要质量优良的疫苗、正确的接种方法和熟练的技术，还需要一个合理的免疫程序，才能充分发挥各种疫苗的免疫效果。免疫程序在各个养牛场不尽相同。应根据当地疫病流行情况制定切合实际的程序。

1. 强制免疫病的免疫　主要是口蹄疫。

(1)自繁自养牛口蹄疫免疫程序　犊牛 90 日龄时用 O 型-亚洲 1 型双价口蹄疫苗（下称双价苗）免疫 1 次，间隔 1 个月再用双价苗免疫 1 次，以后每 6 个月用双价苗免疫 1 次。

(2)外购牛口蹄疫免疫程序　外购牛隔离饲养 7～14 天无疫病时，用双价苗免疫 1 次，以后每 6 个月用双价苗免疫 1 次。

(3)经产母牛口蹄疫免疫程序　经产母牛在产后 1 个月内用双价苗免疫 1 次，以后每 6 个月用双价苗免疫 1 次，配种前 1 个月内用双价苗免疫 1 次，妊娠第 5 月内用双价苗免疫 1 次。

2. 非强制免疫病的免疫　包括炭疽、布鲁氏菌病、牛病毒性腹泻-黏膜病、轮状病毒病、犊牛大肠杆菌病等。

(1)确定免疫病种　存栏牛 15 头以上的饲养场，每两年应开展 1 次病原监测（特殊情况随时进行监测），通过病原监测结果确定非强制免疫病种，或根据本场及周边的疫情确定非强制免疫病种。

(2)制定免疫程序　确定非强制免疫病种后，应与口蹄疫免疫程序有机结合，制定可行的免疫程序。

(3)免疫方法、剂量和注意事项　各种疫苗的免疫接种方法、剂量和注意事项按相关使用说明书的规定进行。

3. 免疫标识　每头牛在首次进行口蹄疫免疫时，由免疫人员填写免疫证明和佩戴免疫耳标（免疫证明和耳标均由当地动物疫病预防控制机构核发），录入相关免疫信息。耳标脱落或损坏的应及时注销原耳标并佩戴新耳标，重新录入信息。补充免疫病种后应及时补登相关信息。

4. 免疫档案　首次强制免疫后，放养牛应按每群、舍饲牛应按每栋牛舍建立一个免疫档案（免疫档案应包含户主姓名、地址、耳标号、免疫病种、免疫时间、免疫方法、免疫剂量、疫苗种类、批号、生产厂家、生产日期和免疫人员等信息），以后的每次免疫应将相关信息及时填入免疫档案。

（二）寄生虫病的控制

1. 预防性驱虫

(1) 驱虫时间　自繁自养肉牛 4 月龄、外购牛隔离观察期满经口蹄疫免疫后、后备种牛配种前、经产母牛空怀期、种公牛每 6 个月各开展 1 次预防性驱虫。必要时进行连续数次治疗性驱虫。

(2) 驱虫药物　对常见的牛蠕虫和螨虫，首选阿维菌素或伊维菌素进行驱除，其次根据实际情况可选用丙硫咪唑、左旋咪唑、氯氰碘柳胺钠、吡喹酮、双甲脒等药物。

2. 治疗性驱虫

(1) 球虫病的治疗　可选用盐酸氨丙啉、磺胺氯吡嗪钠、磺胺喹噁啉钠、地克珠利、妥曲珠利等药物进行驱虫，用法、用量按有关药物的使用说明书进行。

(2) 螨虫病的治疗　皮下注射伊维菌素，用双甲脒涂擦患部，环境、笼舍用双甲脒喷洒、浸泡。

（三）疫病监测、控制与扑灭

新购入的牛要严把检疫关，派有经验的兽医到现场检疫。对来自健康地区购入的牛也要隔离饲养观察 15～30 天，并进行布鲁氏菌病和结核的检疫，经过检疫隔离，确定为健康牛方可进入饲养场，进行正常饲养。正常饲养期间，牛场应按照国家有关规定和当地畜牧兽医主管部门的具体要求，对结核、布鲁氏菌病等传染性疾病进行定期检疫。

1. 结核病 应以检代防，特别是种牛每年必检 1 次，具体按照国家"牛结核病防治技术规范"操作。通常牛群检疫用牛结核菌素进行皮内注射和点眼试验。检疫出现可疑反应的，应隔离复检，连续 2 次为可疑以及阳性反应的牛，应及时扑杀及无害化处理。对结核病检疫有阳性反应牛的牛舍，牛只应停止调动，每 1～1.5 月复检 1 次，直至连续 2 次不出现阳性反应为止。患结核病的牛只应及时淘汰处理，不提倡治疗。

2. 布鲁氏菌病 应以检代防，特别是种牛和受体牛每年必检 1 次，具体按照国家"布鲁氏菌病防治技术规范"操作。凡未注射布病疫苗的牛，在凝集试验中连续 2 次出现可疑反应或阳性反应时，应按照国家有关规定进行扑杀及无害化处理。如果牛群经过多次检疫并将患病牛淘汰后仍有阳性动物不断出现，则可应用菌苗进行预防注射。

三、兽药的使用

药物是治疗和预防牛病必不可少的物质条件，应用药物是保证肉牛业顺利发展的重要手段之一。为了选药正确、应用正确、提高疗效、提高经济效益，牛场兽医首先应重视药物的选择与应用技术。

(一)正确诊断是用药的基础

随着养牛业的发展、优良品种的引进,牛病越来越多,而牛场临床用药种类亦越来越多,有针对病原体是病毒类的,也有针对细菌类的,用药必须在及时正确的诊断基础上对症用药,才能达到理想的治疗效果。

(二)按药物浓度和疗程用药

药物浓度和连续用药,是防病治病的保证。治疗用药一定要达到一定的药物浓度和一定的疗程,只有在牛体内保持一定的药物浓度和作用时间,才能足以杀灭病原体。避免用药量过大而发生中毒事故,但也不可药量过小或疗程过短,这不但达不到杀灭病原体的目的,反而会使病原体产生耐药性,给以后的防治工作带来困难。尤其是抗生素和磺胺类以及抗寄生虫类药物的应用,更应特别注意。药物如应用不当,其危害有三:一是抗药菌株的形成;二是正常菌群失调症的发生;三是破坏机体主动免疫功能。要避免这些危害,必须按量使用,首次用量采用突击量。

(三)选择正确的给药途径

不同的给药途径可影响药物吸收的速度和数量,影响药效的快慢和强弱。静脉注射可立即产生作用,肌内注射慢于静脉注射。选择不同的给药方式要考虑到机体因素、药物因素、病理因素和环境因素。如内服给药,药效易受胃肠道内容物的影响,给药一般在饲前,而刺激性较强的药物应在饲后喂服。不耐酸碱,易被消化酶破坏的药不宜内服。全身感染注射用药好,肠道感染口服用药好。

（四）正确配伍，协同用药

熟悉药物性质，掌握药物的用途、用法、用量、适应证、不良反应、禁忌证，正确配伍，合理组方，协同用药，增加疗效，避免拮抗作用和中和作用，能起到事半功倍的效果（表 6-1）。在实际应用中，如不明了两种药物的这种性质，为了安全起见，则应错开时间使用，不可滥用药物。

表 6-1　几种药物的配伍使用表

分 类	药 物	配伍药物	配伍使用结果
青霉素类	青霉素钠、钾盐；氨苄西林类；阿莫西林类	喹诺酮类、氨基糖苷类（庆大除外）、多黏菌素类	效果增强
		四环素类、头孢菌素类、大环内酯类、氯霉素类、庆大霉素、利巴韦林、培氟沙星	相互拮抗或疗效相抵或产生不良反应，应分别使用、间隔给药
		维生素 C、维生素 B、罗红霉素、维 C 多聚磷酸酯、磺胺类、氨茶碱、高锰酸钾、盐酸氯丙嗪、B 族维生素、过氧化氢	沉淀、分解、失败
头孢菌素类	"头孢"系列	氨基糖苷类、喹诺酮类	疗效、毒性增强
		青霉素类、洁霉素类、四环素类、磺胺类	相互拮抗或疗效相抵或产生不良反应，应分别使用、间隔给药
		维生素 C、维生素 B、磺胺类、罗红霉素、氨茶碱、氯霉素、氟苯尼考、甲砜霉素、盐酸强力霉素	沉淀、分解、失败
		强利尿药、含钙制剂	与头孢噻吩、头孢噻呋等头孢类药物配伍会增加不良反应

续表 6-1

分类	药物	配伍药物	配伍使用结果
氨基糖苷类	卡那霉素、阿米卡星、核糖霉素、妥布霉素、庆大霉素、大观霉素、新霉素、巴龙霉素、链霉素等	生素类	本品应尽量避免与抗生素类药物联合应用,大多数本类药物与大多数抗生素联用会增加毒性或降低疗效
		青霉素类、头孢菌素类、洁霉素类、TMP	疗效增强
		碱性药物(如碳酸氢钠、氨茶碱等)、硼砂	疗效增强,但毒性也同时增强
		维生素C、维生素B	疗效减弱
		氨基糖苷同类药物、头孢菌素类、万古霉素	毒性增强
	卡那霉素、庆大霉素	其他抗菌药物	不可同时使用
	大观霉素	氯霉素、四环素	拮抗作用,疗效抵消
大环内酯类	红霉素、罗红霉素、硫氰酸红霉素、替米考星、吉他霉素(北里霉素)、泰乐菌素、替米考星、乙酰螺旋霉素、阿奇霉素	洁霉素类、麦迪索霉、螺旋霉素、阿司匹林	降低疗效
		青霉素类、无机盐类、四环素类	沉淀、降低疗效
		碱性物质	增强稳定性、增强疗效
		酸性物质	不稳定、易分解失效

续表 6-1

分类	药物	配伍药物	配伍使用结果
四环素类	土霉素、四环素（盐酸四环素）、金霉素（盐酸金霉素）、强力霉素（盐酸多西环素、脱氧土霉素）、米诺环素（二甲胺四环素）	甲氧苄啶、三黄粉	稳效
		含钙、镁、铝、铁的中药如石类、壳贝类、骨类、矾类、脂类等，含碱类、含鞣质的中成药、含消化酶的中药如神曲、麦芽、豆豉等，含碱性成分较多的中药如硼砂等	不宜同用，如确需联用应至少间隔 2 小时
		其他药物	四环素类药物不宜与绝大多数其他药物混合使用
霉素类	氯霉素、甲砜霉素、氟苯尼考	喹诺酮类、磺胺类、呋喃类	毒性增强
		青霉素类、大环内酯类、四环素类、多黏菌素类、氨基糖苷类、氯丙嗪、洁霉素类、头孢菌素类、维生素 B 类、铁类制剂、免疫制剂、环林酰胺、利福平	拮抗作用，疗效抵消
		碱性药物（如碳酸氢钠、氨茶碱等）	分解、失效
喹诺酮类	砒哌酸、"沙星"系列	青霉素类、链霉素、新霉素、庆大霉素	疗效增强
		洁霉素类、氨茶碱、金属离子（如钙、镁、铝、铁等）	沉淀、失效
		四环素类、氯霉素类、呋喃类、罗红霉素、利福平	疗效降低
		头孢菌素类	毒性增强

续表 6-1

分 类	药 物	配伍药物	配伍使用结果
磺胺类	磺胺嘧啶、磺胺二甲嘧啶、磺胺甲恶唑、磺胺对甲氧嘧啶、磺胺间甲氧嘧啶、磺胺噻唑	青霉素类	沉淀、分解、失效
		头孢菌素类	疗效降低
		氯霉素类、罗红霉素	毒性增强
		TMP、新霉素、庆大霉素、卡那霉素	疗效增强
	磺胺嘧啶	阿米卡星、头孢菌素类、氨基糖苷类、利卡多因、林可霉素、普鲁卡因、四环素类、青霉素类、红霉素	配伍后疗效降低或产生沉淀
抗菌增效剂	二甲氧苄啶、甲氧苄啶(三甲氧苄啶、TMP)	参照磺胺药物的配伍说明	参照磺胺药物的配伍说明
		磺胺类、四环素类、红霉素、庆大霉素、黏菌素	疗效增强
		青霉素类	沉淀、分解、失效
		其他抗菌药物	与许多抗菌药物用可起增效或协同作用,其作用明显程度不一,使用时可摸索规律。但并不是与任何药物合用都有增效、协同作用,不可盲目合用
洁霉素类	盐酸林可霉素(洁霉素)、盐酸克林霉素(氯洁霉素)	氨基糖苷类	协同作用
		大环内酯类、氯霉素	疗效降低
		喹诺酮类	沉淀、失效

续表 6-1

分 类	药 物	配伍药物	配伍使用结果
多黏菌素类	多黏菌素	磺胺类、甲氧苄啶、利福平	疗效增强
	杆菌肽	青霉素类、链霉素、新霉素、金霉素、多黏菌素	协同作用、疗效增强
		喹乙醇、吉他霉素、恩拉霉素	拮抗作用,疗效抵消,禁止并用
	恩拉霉素	四环素、吉他霉素、杆菌肽	
抗病毒类	利巴韦林、金刚烷胺、阿糖腺苷、阿昔洛韦、吗啉胍、干扰素	抗菌类	无明显禁忌,无协同、增效作用。合用时主要用于防治病毒感染后再引起继发性细菌类感染,但有可能增加毒性,应防止滥用

(五)正确计算药物使用剂量

计量单位是保证用药正确的前提。临床上常因计算用量错误而造成重大损失,尤其对疗效好、毒性大的常用药物更应特别注意。在临床应用中,有的按千克/吨饲料计算或克/吨饲料计算。注意药物的国际单位与毫克的换算。多数抗生素 1 毫克等于 1 000 单位;注意药物浓度的换算,用百分比表示,纯度百分比指重量的比例,溶液百分比指 100 毫升溶液中含溶质多少克。

四、犊牛阶段多发病控制技术

(一)犊牛腹泻

犊牛腹泻是目前危害犊牛健康的主要疾病之一,导致腹泻的原因很多,主要是初乳质量差或喂量不足或喂得迟、卫生条件差、奶温过低、受凉、饲料突然改变等各种不良因素；喂奶量过多也会导致营养性腹泻。常见的传染性病原菌包括细菌（大肠杆菌，沙门氏菌，产气荚膜梭菌，空肠弯杆菌等）、病毒（轮状病毒，冠状病毒，牛病毒性腹泻/黏膜病）、寄生虫（球虫，隐孢子虫），有的呈混合感染。因此，诊断时应根据流行病学与临床症状先做初步诊断，最后确诊由寄生虫感染的可以做显微镜检查（粪便或直肠刮取物），细菌感染需做细菌学检查，首先取空肠内容物进行细菌分离，然后进行生化鉴定和血清型定型，最后进行药敏试验，以确定药物进行治疗。

1. 大肠杆菌病 该病是由致病性大肠杆菌引起犊牛的一种急性细菌性传染病。临床上本病具有败血症、肠毒血症或肠道病变的表现特征。发病急、病程短、死亡率高，主要危害初生犊牛。

(1) 病因 该病多见于初生犊牛，尤其是 2～3 日龄犊牛最为易感，常见于冬、春舍饲时期，呈地方性流行或散发，在放牧季节很少发生。母牛在分娩前后营养不足、饲料中缺乏足够的维生素或蛋白质、乳房部污秽不洁、厩舍阴冷潮湿、通风不良、气候突变等，都能促进本病的发生流行或使病情加重。

(2) 症状 潜伏期短，一般为几小时至十几小时。按临床表现分为败血症型、肠毒血症型和肠炎型等类型。

①败血症型 发病初期体温升高至 40℃，精神萎靡，食欲降低或废绝，随后出现腹泻，很快陷入脱水状态，常于症状出现后数小时至 1 天内出现急性败血症而死亡。有的病犊在腹泻症状尚未出现前即死亡。病死率可达 80％以上。病程稍长者，可能并发脐炎、关节炎或肺炎，幸存者生长发育受阻。

②肠毒血症型 该型通常不出现明显临床表现即突然死亡。有症状者则为典型的中毒性症状，如体温正常或稍高，初期兴奋不安，随后转为沉郁甚至昏迷，然后进入濒死期。死前伴有剧烈腹泻，排出白色而充满气泡的稀便。

③肠炎型 多见于7～10日龄的犊牛,表现为体温升高、食欲减退、喜躺卧,数小时后开始下痢,粪便初呈黄色粥样,随后变为水样、呈灰白色,并混有未消化的凝乳块、血液、泡沫,有酸败气味。后期病犊排粪失禁,尾和后躯染有稀便。病程长的,可能出现肺炎或关节炎。

(3)防治措施

①预防 加强妊娠母牛和犊牛的饲养管理,保持牛舍干燥和清洁卫生。母牛临产时用温肥皂水洗去乳房周围污物,再用淡盐水洗净擦干。坚持环境及用具的日常消毒,防止犊牛受潮和寒风侵袭及饮用脏水。犊牛初生后应尽早哺足初乳。也可通过妊娠母牛的疫苗免疫接种进行预防。

②治疗 发现病牛及时隔离治疗,即通过人工哺乳、加强护理和抗菌药物治疗,氟苯尼考注射液(10～20毫克/千克),肌内注射,每天1次;或头孢噻呋(2毫克/千克),肌内注射,每天1次。对腹泻严重的犊牛,还应进行强心、补液、预防酸中毒等措施,以减少犊牛的死亡。

2. 沙门氏菌病(牛副伤寒) 该病是由鼠伤寒沙门菌、都柏林沙门氏菌、牛流产沙门氏菌或纽波特沙门氏菌等引起的急性传染病。本病一年四季均可发生。一般呈散发或地方流行性。

(1)病因 许多因素,如卫生条件差、密度过大、气候恶劣、分娩、长途运输或并发其他疫病感染等,都可加剧该病的病情或使流行面积扩大。

(2)症状 成年牛、犊牛都可感染发生本病。

①成年牛 以急性和亚急性比较常见。急性型常常表现为突然发病、高热(40℃～41℃)、精神沉郁、食欲废绝。不久即开始下痢,粪便呈水样,恶臭,带血或含有纤维素絮片。下痢开始后体温降至正常或略高。未经治疗的病例,死亡率可高达75%,而经治疗后,死亡率可降至10%。持续10～14天粪便稀软,一般需2

个月才能完全康复。妊娠母牛感染后可发生流产。亚急性感染的发生比较缓和。病牛体温有不同程度升高或不升高，预后情况良好。

②犊牛　有些犊牛在出生后 48 小时内便开始拒食、卧地，并迅速出现衰竭等症状，常于 3～5 天死亡。但多数犊牛则于 10～14 日龄以后发病，病初体温升高（40℃～41℃），24 小时后排出灰黄色液状粪便，并混有黏液和血丝，通常于发病后 5～7 天死亡，病死率可达 50%。病期延长时，腕关节和跗关节可能肿大，有的还有支气管炎和肺炎等症状。

(3)防治措施

①预防　本病除需要加强一般性卫生防疫措施外，常发地区还可接种弱毒菌苗，应定期对牛群进行检疫。

②治疗　要针对病情，对症治疗，止泻补液，主要是抗菌消炎，氟苯尼考（20～30 毫克/千克），肌内注射每天 1 次；恩诺沙星（2.5 毫克/千克），肌内注射每天 1～2 次。

3. 轮状病毒感染　本病是由轮状病毒感染多种幼龄动物而引起的一种消化道疾病。

(1)病因　本病多发生在晚秋、冬季和早春。应激因素，特别是寒冷、潮湿、不良的卫生条件、劣质的饲料和其他疾病的袭击等，均对疾病的严重程度和病死率有很大影响。

(2)症状　牛一般多发生于 1～7 日龄的新生犊牛。发病最早的病例见于出生后 12 小时，最迟的也在数周以内终止。症状以突然腹泻开始，病犊精神委顿，体温正常或略有升高。厌食和腹泻，粪便黄白色液状，有时带有黏液和血液。病死率可达 10%～50%，死亡的原因多是急性脱水或酸中毒。病程 1～8 天。若继发感染大肠杆菌则预后不良，致死率增高。寒冷气候常使许多病犊在腹泻后暴发严重的肺炎而死亡。

(3)防治措施　通过加强饲养管理、认真执行兽医卫生措施、保持环境的清洁卫生,并定期进行消毒,加强营养可有效地增强母体和新生动物机体的抵抗力。在疫区要保证新生动物及早吃到初乳,使其接受母源抗体的保护以降低发病率。目前国内还没有研制出疫苗。

发病后应立即将病牛隔离到清洁、干燥和温暖的圈舍,并应加强护理,尽量减少应激因素,及时清除粪便及其污染的垫草,对污染的环境和器物进行严格消毒。该病目前没有特效的治疗方法,病牛可通过停止哺乳、自由饮用葡萄糖-甘氨酸盐水缓解病情。

4. 犊牛球虫病 球虫病是一种以破坏肠道黏膜,引起肠管发炎和上皮细胞崩解的原虫性寄生虫病,其临床症状主要以腹泻和出血性肠炎为特征。犊牛球虫感染发病,病程绵延,有的长达数月,临床症状容易与沙门氏菌病混淆,从而导致误诊。

(1)病因 其主要传染方式是犊牛吃进了球虫的孢子卵囊而感染。病牛的粪便污染饲料、饮水及场地,使本病迅速传播。工作人员、工具及苍蝇等都能成为球虫病流行的传播媒介。

(2)症状 潜伏期为 2～3 周,犊牛一般为急性经过,病程为 10～15 天。当牛球虫寄生在大肠内繁殖时,肠黏膜上皮大量破坏脱落、黏膜出血并形成溃疡;这时在临床上表现为出血性肠炎、腹痛,血便中常带有黏膜碎片。约 1 周后,当肠黏膜破坏而造成细菌继发感染时,则体温可升高到 $40℃～41℃$,前胃弛缓,肠蠕动增强、腹泻,多因体液过度消耗而死亡。慢性病例,则表现为长期腹泻、贫血,最终因极度消瘦而死亡。

(3)防治措施

①预防 通过加强饲养管理、认真执行兽医卫生措施、保持环境的清洁卫生和垫料的干燥与卫生,并定期进行消毒。犊牛与成年牛分群饲养,以免球虫卵囊污染犊牛的饲料;舍饲牛的粪便和垫草需集中消毒或生物热堆积发酵。药物预防可用氨丙啉每千克饲料 5 毫克,连用 21 天;或莫能菌素按每千克饲料添加 0.3

克,既能预防球虫又能提高饲料报酬。

②治疗 可选用氨丙啉,按每千克体重20～50毫克,一次内服,连用5～6天;呋喃唑酮,每千克体重7～10毫克内服,连用7天;盐霉素,每天每千克体重2毫克,连用7天。

(二)犊牛肺炎

犊牛肺炎是肺泡和肺间质的炎症。它是由支气管炎症蔓延到肺泡或通过血源途径引起,临床上称为卡他性肺炎、支气管肺炎或小叶性肺炎。每年多发生在早春、晚秋气候多变的季节。引起犊牛肺炎的细菌有巴氏杆菌、化脓性棒状杆菌、链球菌、葡萄球菌、坏死梭状杆菌和克雷伯氏菌等。犊牛地方流行性肺炎是由一些不同的病毒、衣原体和支原体引起,并由病原细菌继发感染。

1. 病因 饲养管理不良是导致发病的主要诱因,犊牛舍寒冷或过热、潮湿、拥挤、通风不良、天气突变或日光照射不足等,均易使犊牛诱发肺炎。

2. 症状 临床上以发热,呼吸次数增多,咳嗽,听诊肺部有异常呼吸音为特征,大多数细菌性肺炎有毒血症。犊牛肺炎有急性和慢性两种。

(1)急性肺炎 患犊精神不振,食欲减少或废绝,中度发热(40℃～40.5℃)。咳嗽,起初干咳而痛苦,后变为湿咳。间质性肺炎常表现频频阵发性剧烈干咳。如果有上呼吸道感染或支气管分泌物过多,将出现鼻液,初为浆液性,后将变为黏稠脓性。听诊在支气管炎和间质性肺炎的早期,肺泡呼吸音增强,当细支气管内渗出液增多时,出现湿性啰音,渗出液浓稠时出现干性啰音。形成肺炎时,在病灶部位呼吸音减弱或消失,可能出现捻发音,病灶周围代偿性呼吸音增强。

(2)慢性肺炎 多发生在3～6月龄犊牛,最明显的症状为一种间断性的咳嗽,尤其多见于夜间、早晨、起立和运动时。肺部听诊有干性或湿性啰音,胸壁叩诊多能诱发咳嗽。多数患犊精神尚好,有食欲,个别有中度发热。

3. 防治措施 犊牛肺炎的治疗原则为加强管理、抑菌消炎和对症治疗。患犊牛舍要保持清洁卫生、温暖及通风良好。若怀疑有传染性时,应隔离患犊,进行消毒,并对其观察和治疗。

治疗可用青霉素或青霉素和链霉素混合肌内注射,每日2次;也可用磺胺二甲嘧啶,每千克体重150毫克注射或口服;用卡那霉素注射,每千克体重15毫克,每天2次;一般治疗3～5天。如咳嗽频繁重剧时,加用镇咳祛痰药;另外,还可配强心、补液治疗等。

五、肉牛育肥阶段多发病控制技术

(一)前胃弛缓

前胃弛缓是指瘤胃、网胃、瓣胃神经肌肉装置感受性降低,平滑肌自动运动性减弱,内容物运转迟滞所引发的反刍动物消化障碍综合征。

1. 病因 采食蛋白少、发霉、过热或冰冻的难以消化的粗饲料;饮食异常、饮水限制时可促进本病的发生,无限制采食青贮饲料过多,谷物饲料过多或突然改变,长期或大剂量口服磺胺类药物或抗生素,会引起本病;某些内科病也可继发。

2. 症状 急性型食欲减退或废绝,反刍缓慢或停止,瘤胃蠕动次数减少,声音减弱。瘤胃内容物柔软或黏硬,有时出现轻度瘤胃臌胀。网胃和瓣胃蠕动音减弱或消失。粪便干硬或为褐色糊状;全身一般无异常,若伴发瘤胃酸中毒时,则脉搏、呼吸加快,精神沉郁,卧地不起,鼻镜干燥,流涎,排稀便,瘤胃液pH值小于

6.5。碱性前胃弛缓,鼻镜有汗,虚嚼,口腔内有黏性泡沫,瘤胃液的 pH 值在 8 以上。慢性病例多为继发性因素引起,病情时好时坏,消瘦,便秘、腹泻交替发生。病重者陷于脱水与自体中毒状态,最后衰竭而死亡。

3. 防治措施 本病要重视预防,改进饲养管理,注意运动,合理调制饲料,不饲喂霉败、冰冻等品质不良的饲料,防止突然更换饲料,喂饲要定时定量。

治疗以提高前胃的兴奋性,增强前胃运动功能,制止瘤胃内异常发酵过程,防止酸中毒。病初先停食 1～2 天,后改喂青草或优质干草。通常用人工盐 250 克、硫酸镁 500 克、碳酸氢钠 90 克,加水灌服;或一次静脉注射 10% 氯化钠注射液 500 毫升、10% 安钠咖注射液 20 毫升;为防止脱水和自体中毒,可静脉滴入 5% 糖盐水 2 000～4 000 毫升,5% 碳酸氢钠注射液 1 000 毫升和 10% 安钠咖注射液 20 毫升。

可应用中药健胃散或消食平胃散 250 克,内服,每日 1 次或隔日 1 次。马钱子酊 10～30 毫升,内服。针刺脾俞、后海、滴明、顺气等穴位。

(二)瘤胃酸中毒

瘤胃酸中毒是由于反刍动物采食了过多容易发酵、富含碳水化合物的饲料,在瘤胃内发酵产生大量乳酸而引起的以前胃功能障碍、瘤胃微生物群落活性降低的一种疾病。临床上以严重的毒血症、脱水、瘤胃蠕动停止、精神沉郁、食欲下降、瘤胃 pH 值下降和血浆二氧化碳结合力降低、虚弱、卧地不起、神志昏迷和高的死亡率等为特征。

1. 病 因

(1)过食 过量食入(饲喂)富含碳水化合物的谷物饲料以及

含糖量高块根、块茎类饲料,尤其是加工成粉状的精饲料,极易发酵产生大量的乳酸而引起本病,饲喂酸度过高的青贮玉米或质量低劣的青贮饲料、糖渣等也是常见的原因。

(2)饲料的突然改变 没有逐渐变换的过程,母牛产犊前后和肉牛运输后的应激及高精料育肥容易引起本病。

2. 症状 呈现急性经过,一般24小时发生,有些特急性病例可在两次饲喂之间(饲喂后3~5小时内)突然死亡。临床上大多数病例都呈现急性瘤胃酸中毒综合征,并具有一定的中枢神经系统兴奋症状,病牛精神沉郁、目光呆滞、惊恐不安、步态不稳、食欲废绝、流涎、磨牙、空嚼。瘤胃运动消失,内容物胀满、黏硬,腹泻,粪便呈淡灰色,有酸奶气味。严重脱水,瘤胃内有多量的液体,瘤胃pH值降低,血液二氧化碳结合力降低,碱储下降,卧地不起、具有蹄叶炎和神经症状。

3. 防治措施 预防应注意肥育期肉牛饲料的选择和调配,注意精粗比例和营养平衡,改变饲料要逐渐过渡。对含碳水化合物较高或粗饲料以青贮为主的日粮,适当添加碳酸氢钠。

治疗对发病牛在去除病因的同时抑制酸中毒,解除脱水和强心。禁食1~2天,限制饮水。为缓解酸中毒,可静脉注射5%碳酸氢钠注射液1 000~5 000毫升,每日1~2次。为促进乳酸代谢,可肌内注射维生素 B_1 0.3克,同时内服酵母片。为补充体液和电解质,促进血液循环和毒素的排出,常采用糖盐水、复方生理盐水、低分子的右旋糖酐注射液各1 000毫升,混合静脉注射,同时加入适量的强心剂。适当应用瘤胃兴奋剂,皮下注射新斯的明、毛果芸香碱和氨甲酰胆碱等。

(三)瘤胃积食

瘤胃积食是指瘤胃内填满了大量粗硬难消化的饲料,导致胃壁过于紧张，收缩力减弱，瘤胃体积增大变硬，内容物后送障碍，造成整个消化功能紊乱乃至脱水和毒血症，甚至死亡。本病多发于舍饲育肥肉牛。

1. 病因　过多采食容易膨胀的饲料，如豆类、谷物等。采食大量未经铡断的半干半湿的甘薯秧、花生秧、豆秸等。突然更换饲料，特别是由粗饲料换为精饲料又不限量时，易诱发本病。因体弱、消化力不强，运动不足，采食大量饲料而又饮水不足所致。瘤胃弛缓、瓣胃阻塞、创伤性网胃炎、真胃炎和高热性病等也可继发。

2. 症状　牛发病初期，食欲、反刍、嗳气减少或停止，鼻镜干燥，表现为拱腰、回头顾腹、后肢踢腹、摇尾、卧立不安。触诊时瘤胃胀满而坚实呈现沙袋样，并有痛感。叩诊呈浊音。听诊瘤胃蠕动音初减弱，以后消失。严重时呼吸困难、呻吟、吐粪水，有时从鼻腔流出。加不及时治疗，多因脱水、中毒、衰竭或窒息而死亡。

3. 防治措施　预防的关键是防止过食。严格执行饲喂制度，饲料按时、按量供给，加固牛栏，防止跑牛偷食饲料。避免突然更换饲料，粗饲料应适当加工软化。

治疗时，可采取绝食 1～2 天后给予优质干草。取硫酸镁 500～1 000 克，配成 8%～10%溶液灌服，或用蓖麻油 500～1 000 毫升、液状石蜡 1 000～1 500 毫升灌服，以加快胃内容物排出。另外，可用 4%碳酸氢钠溶液洗胃，尽量将瘤胃内容物导出，对于虚弱脱水的病牛，可用 5%糖盐水 1 500～3 000 毫升、5%碳酸氢钠注射液 500～1 000 毫升、25%葡萄糖注射液 500 毫升，一次静脉注射。以排除瘤胃内容物，制止发酵，防止自体中毒和提高瘤胃的兴奋性为治疗原则。

应用中药消积散或曲麦散 250～500 克，内服，每日 1 次或隔日 1 次。针刺脾俞、后海、滴明、顺气等穴位。

在上述保守疗法无效时，则应立即行瘤胃切开术，取出大部分内容物以后，放入适量健康牛的瘤胃液。

附 录

附录1 中国肉牛的饲养标准

附表1 生长肥育牛的营养需要

体重（千克）	日增重（千克）	干物质（千克）	肉牛能量单位（RND）	综合净能（兆焦）	粗蛋白质（克）	钙（克）	磷（克）
150	0.8	4.33	2.45	19.75	589	28	13
	0.9	4.54	2.61	21.05	627	31	14
	1.0	4.75	2.80	22.64	665	34	15
	1.1	4.95	3.02	24.35	704	37	16
	1.2	5.16	3.25	26.28	739	40	16
175	0.8	4.72	2.79	22.05	609	28	13
	0.9	4.94	2.91	23.47	650	31	14
	1.0	5.16	3.12	25.23	686	34	15
	1.1	5.38	3.37	27.20	724	37	16
	1.2	5.59	3.63	29.29	759	40	17
200	0.8	5.12	3.01	24.31	631	29	14
	0.9	5.34	3.21	25.90	669	31	15
	1.0	5.57	3.45	27.82	708	34	16
	1.1	5.80	3.71	29.96	743	37 ·	17
	1.2	6.03	4.00	32.30	778	40	17

续附表 1

体重 （千克）	日增重 （千克）	干物质 （千克）	肉牛能量单位 （RND）	综合净能 （兆焦）	粗蛋白质 （克）	钙 （克）	磷 （克）
	0.8	5.49	3.33	26.90	652	29	14
	0.9	5.73	3.55	28.66	691	31	15
225	1.0	5.96	3.81	30.79	726	34	16
	1.1	6.20	4.10	33.10	761	37	17
	1.2	6.44	4.42	35.69	796	39	18
	0.8	5.87	3.65	29.50	672	29	15
	0.9	6.11	3.89	31.38	711	31	16
250	1.0	6.36	4.18	33.72	746	34	17
	1.1	6.60	4.49	36.28	781	36	18
	1.2	6.85	4.84	39.08	814	39	18
	0.8	6.23	3.98	32.13	696	29	16
	0.9	6.49	4.23	34.18	731	31	16
275	1.0	6.74	4.55	36.74	766	34	17
	1.1	7.00	4.89	39.50	798	36	18
	1.2	7.25	5.60	42.51	834	39	19
	0.8	6.58	4.31	34.77	715	29	16
	0.9	6.85	4.58	36.99	750	31	17
300	1.0	7.11	4.92	39.71	785	34	18
	1.1	7.38	5.29	42.68	818	36	19
	1.2	7.64	5.69	45.98	850	38	19

肉牛科学养殖技术

续附表1

体重 （千克）	日增重 （千克）	干物质 （千克）	肉牛能量单位 （RND）	综合净能 （兆焦）	粗蛋白质 （克）	钙 （克）	磷 （克）
	0.8	6.94	4.60	37.15	736	29	17
	0.9	7.12	4.90	39.54	771	31	18
325	1.0	7.49	5.25	42.43	803	33	18
	1.1	7.76	5.65	45.61	839	36	19
	1.2	8.03	6.08	49.12	868	38	20
	0.8	7.28	4.89	39.50	757	29	17
	0.9	7.57	5.21	42.05	789	31	18
350	1.0	7.85	5.59	45.15	824	33	19
	1.1	8.13	6.01	48.53	857	36	20
	1.2	8.41	6.47	52.26	889	38	20
	0.8	7.62	5.19	41.99	778	29	18
	0.9	7.91	5.52	44.60	810	31	19
375	1.0	8.20	5.93	47.87	845	33	19
	1.1	8.49	6.26	50.54	878	35	20
	1.2	8.79	6.75	54.48	907	38	21
	0.8	7.96	5.49	44.31	798	29	19
	0.9	8.26	5.64	47.15	830	31	19
400	1.0	8.56	6.27	50.63	866	33	20
	1.1	8.87	6.74	54.43	895	35	21
	1.2	9.17	7.26	58.66	927	37	21

续附表 1

体重 （千克）	日增重 （千克）	干物质 （千克）	肉牛能量单位 （RND）	综合净能 （兆焦）	粗蛋白质 （克）	钙 （克）	磷 （克）
	0.8	8.29	5.77	46.57	818	29	19
	0.9	8.60	6.14	49.58	850	31	20
425	1.0	8.91	6.59	53.22	886	33	20
	1.1	9.22	7.09	57.24	918	35	21
	1.2	9.53	7.64	61.67	947	37	22
	0.8	8.62	6.03	48.74	841	29	20
	0.9	8.94	6.43	51.92	873	31	20
450	1.0	9.26	6.90	55.77	906	33	21
	1.1	9.58	7.42	59.96	938	35	22
	1.2	9.90	8.00	64.60	967	37	22
	0.8	8.94	6.31	51.00	860	29	20
	0.9	9.27	6.72	54.31	892	31	21
475	1.0	9.60	7.22	58.32	928	33	21
	1.1	9.93	7.77	62.76	957	35	22
	1.2	10.26	8.37	67.61	989	36	23
	0.8	9.27	6.58	53.18	882	29	21
	0.9	9.61	7.01	56.65	912	31	21
500	1.0	9.94	7.53	60.88	947	33	22
	1.1	10.28	8.10	65.48	979	34	23
	1.2	10.62	8.73	70.54	1011	36	23

附表 2　妊娠期母牛的营养需要

体重 (千克)	妊娠 月份	干物质 (千克)	肉牛能量单位 (RND)	综合净能 (兆焦)	粗蛋白质 (克)	钙 (克)	磷 (克)
300	6	6.32	2.80	22.60	409	14	12
	7	6.43	3.11	25.12	477	16	12
	8	6.60	3.50	28.26	587	18	13
	9	6.77	3.97	32.05	735	20	13
350	6	6.86	3.12	25.19	449	16	13
	7	6.98	3.45	27.87	517	18	14
	8	7.15	3.87	31.24	627	20	15
	9	7.32	4.37	35.30	775	22	15
400	6	7.39	3.43	27.69	488	18	15
	7	7.51	3.78	30.56	556	20	16
	8	7.68	4.23	34.13	666	22	16
	9	7.84	4.76	38.47	814	24	17
450	6	7.90	3.73	30.12	526	20	17
	7	8.02	4.11	33.15	594	22	18
	8	8.19	4.58	36.99	704	24	18
	9	8.36	5.15	41.58	852	27	19
500	6	8.40	4.03	32.51	563	22	19
	7	8.52	4.42	35.72	631	24	19
	8	8.69	4.92	39.76	741	26	20
	9	8.86	5.53	44.62	889	29	21
550	6	8.89	4.31	34.83	599	24	20
	7	9.00	4.73	38.23	667	26	21
	8	9.17	5.26	42.47	777	29	22
	9	9.34	5.90	47.61	925	31	23

附表3　哺乳母牛的营养需要

体重 (千克)	干物质 (千克)	肉牛能量单位 (RND)	综合净能 (兆焦)	粗蛋白质 (克)	钙 (克)	磷 (克)
300	4.47	2.36	19.04	332	10	10
350	5.02	2.65	21.38	372	12	12
400	5.55	2.93	23.64	411	13	13
450	6.06	3.20	25.82	449	15	15
500	6.56	3.46	27.91	486	16	16
550	7.04	3.72	30.04	522	18	18

附表4　哺乳母牛每千克泌乳的营养需要

干物质 (千克)	肉牛能量单位 (RND)	综合净能 (兆焦)	粗蛋白质 (克)	钙 (克)	磷 (克)
0.45	0.32	2.57	85	2.46	1.12

附表5　矿物质需要量及最大耐受量　(干物质基础)

矿物质	需要量		最大耐受量
	推荐量	范围*	
钙(%)	**	—	2.0
磷(%)	**	—	1.0
钠(%)	0.08	0.06~0.10	10.0
氯(%)	—	—	—
硫(%)	0.10	0.08~0.15	0.4
钾(%)	0.65	0.50~0.70	3.0
镁(%)	0.10	0.05~0.25	0.4

续附表 5

矿物质	需要量		最大耐受量
	推荐量	范　围	
铁（毫克/千克）	50.0	50.00~100.00	1000.0
铜（毫克/千克）	8.0	4.00~10.00	100.0
锌（毫克/千克）	30.0	20.00~40.00	500.0
碘（毫克/千克）	0.5	0.20~2.00	50.0
锰（毫克/千克）	40.0	20.00~50.00	1000.0
钴（毫克/千克）	0.10	0.07~0.11	5.0
硒（毫克/千克）	0.10	0.05~0.30	2.0
钼（毫克/千克）	—	—	3.0

* 因牛生理阶段、体重、性别、生产性能不同而有差异；

** 见表 1-4。

附表 6　维生素需要量

名　称	罗氏公司 （单位/日·头）	NRC 标准 （单位/千克干物质）		
	育肥牛	育肥牛	干奶妊娠牛	泌乳牛
维生素 A	40000	2200	2800	3900
维生素 D	5000	275	275	275
维生素 E	250	15~60	—	15~60

附录 2 中国肉牛常用饲料成分与营养价值表

饲料名称	样品说明	饲料编码	干物质(%)	消化能(兆焦/千克)	综合净能(兆焦/千克)	肉牛能量单位(RND/千克)	粗蛋白质(%)	可消化粗蛋白质(%)	粗纤维(%)	钙(%)	磷(%)
1. 青绿饲料类											
甘薯藤	11省市,15样品平均值	2-01-072	13.0	1.37	0.63	0.08	2.1	1.4	2.5	0.20	0.05
			100.0	10.55	4.84	0.60	16.2	10.5	19.2	1.54	0.38
黑麦草	北京,伯克意大利黑麦草	2-01-632	18.0	2.22	1.11	0.14	3.3	2.4	4.2	0.13	0.05
			100.0	12.33	6.17	0.76	18.3	13.6	23.3	0.72	0.28
象 草	广东湛江	2-01-664	20.0	2.23	1.02	0.13	2.0	1.2	7.0	0.15	0.02
			100.0	11.13	5.12	0.63	10.0	6.2	35.0	0.25	0.10
野青草	北京,狗尾草为主	2-01-677	25.3	25.3	1.14	0.14	1.7	1.0	7.1	0.24	0.03
			100.0	10.01	4.50	0.56	6.7	3.8	28.1	1.27	0.16

续附录 2

2. 青贮饲料类

饲料名称	样品说明	饲料编码	干物质（%）	消化能（兆焦/千克）	综合净能（兆焦/千克）	肉牛能量单位（RND/千克）	粗蛋白质（%）	可消化粗蛋白质（%）	粗纤维（%）	钙（%）	磷（%）
玉米青贮	4省市,5样品平均值	3-03-605	22.7 / 100.0	2.25 / 9.90	1.00 / 4.40	0.12 / 0.54	1.6 / 7.0	0.8 / 3.5	6.9 / 30.4	0.10 / 0.44	0.06 / 0.26
玉米青贮	吉林双阳收获后黄干贮	3-03-025	25.0 / 100.0	1.70 / 6.78	0.61 / 2.44	0.08 / 0.30	1.4 / 5.6	0.3 / 1.1	8.7 / 35.6	0.10 / 0.40	0.02 / 0.08
苜蓿青贮	青海西宁,盛花期	3-03-019	33.7 / 100.0	3.13 / 9.29	1.32 / 3.93	0.16 / 0.49	5.3 / 15.7	3.2 / 9.4	12.8 / 38.0	0.50 / 1.48	0.10 / 0.30
甘薯蔓青贮	上海	3-03-005	18.3 / 100.0	1.53 / 8.38	0.64 / 3.52	0.08 / 0.44	1.7 / 9.3	0.7 / 3.7	4.5 / 24.6	— / —	— / —
甜菜叶青贮	吉林	3-03-021	37.5 / 100.0	4.26 / 11.36	2.14 / 5.69	0.26 / 0.70	4.6 / 12.3	3.1 / 8.0	7.4 / 19.7	0.39 / 1.04	0.10 / 0.27

续附录 2

3. 块根、块茎、瓜果类

饲料名称	样品说明	饲料编码	干物质(%)	消化能(兆焦/千克)	综合净能(兆焦/千克)	肉牛能量单位(RND/千克)	粗蛋白质(%)	可消化粗蛋白质(%)	粗纤维(%)	钙(%)	磷(%)
甘薯	7省市8样品平均值	4-04-200	25.00 100.0	3.83 15.31	2.14 8.55	0.26 1.06	1.0 4.0	0.6 2.2	0.9 3.6	0.13 0.52	0.05 0.20
胡萝卜	12省市13样品平均值	4-04-208	12.0 100.0	1.85 15.44	1.05 8.73	0.13 1.08	1.1 9.2	0.8 6.7	1.2 10.0	0.15 1.25	0.09 0.75
马铃薯	10省市10样品平均值	4-04-211	22.0 100.0	3.29 14.97	1.82 8.28	0.23 1.02	1.6 7.3	0.9 4.0	0.7 3.2	0.02 0.09	0.03 0.14
甜菜	8省市9样品平均值	4-04-213	15.0 100.0	1.94 12.93	1.01 6.71	0.12 0.83	2.0 13.3	— —	1.7 11.3	0.06 0.40	0.04 0.27
甜菜丝干	北京	4-04-611	88.6 100.0	12.25 13.82	6.49 7.33	0.80 0.91	7.3 8.2	4.8 5.4	19.6 22.1	0.66 0.74	0.07 0.08
芜菁甘蓝	3省市5样品平均值	4-04-215	10.0 100.0	1.58 15.80	0.91 9.05	0.11 1.12	1.0 10.0	0.7 7.1	1.3 13.0	0.06 0.60	0.02 0.20

续附录 2

4. 干草类

饲料名称	样品说明	饲料编码	干物质（%）	消化能（兆焦/千克）	综合净能（兆焦/千克）	肉牛能量单位（RND/千克）	粗蛋白质（%）	可消化粗蛋白质（%）	粗纤维（%）	钙（%）	磷（%）
羊 草	黑龙江，4样品平均值	1-05-646	91.6 100.0	8.78 9.59	3.70 4.04	0.46 0.50	7.4 8.1	3.7 4.0	29.4 32.1	0.37 0.40	0.18 0.20
苜蓿干草	北京，苏联苜蓿 2 号	1-05-622	92.4 100.0	9.79 10.59	4.51 4.89	0.56 0.60	16.8 18.2	11.1 12.0	29.5 31.9	1.95 2.11	0.28 0.30
苜蓿干草	北京，下等	1-05-625	88.7 100.0	7.67 8.64	3.13 3.53	0.39 0.44	11.6 13.1	8.5 9.5	43.3 48.8	1.24 1.40	0.39 0.44
野干草	北京，秋白草	1-05-646	85.2 100.0	7.86 9.22	3.43 4.03	0.42 0.50	6.8 8.0	4.3 5.0	27.5 32.3	0.41 0.48	0.31 0.36
碱 草	内蒙古，结实期	1-05-617	91.7 100.0	6.54 7.13	2.37 2.58	0.29 0.32	7.4 8.1	4.1 4.5	41.3 45.0	— —	— —
大米草	江苏，整株	1-05-606	83.2 100.0	7.65 9.19	3.29 3.95	0.41 0.49	12.8 15.4	7.7 9.2	30.3 36.4	0.42 0.50	0.02 0.02

续附录 2

饲料名称	样品说明	饲料编码	干物质(%)	消化能(兆焦/千克)	综合净能(兆焦/千克)	肉牛能量单位(RND/千克)	粗蛋白质(%)	可消化粗蛋白质(%)	粗纤维(%)	钙(%)	磷(%)
5. 农副产品类											
玉米秸	辽宁,3样品平均值	1-06-062	90.0	8.33	3.61	0.45	5.9	2.0	24.9		0.06
			100.0	9.25	4.01	0.50	6.6	2.2	27.7		0.07
小麦秸	新疆·墨西哥种	1-06-622	89.6	6.23	2.29	0.28	5.6	0.8	31.9	0.05	0.05
			100.0	6.95	2.56	0.32	6.3	0.9	35.6	0.06	0.06
稻草	浙江,晚稻	1-06-009	89.4	6.74	2.68	0.33	2.5	0.2	24.1	0.07	0.03
			100.0	7.54	3.00	0.37	2.8	0.2	27.0	0.08	0.03
谷草	黑龙江粟秸秆2样品平均值	1-06-615	90.7	8.18	3.50	0.43	4.5	2.6	32.6	0.34	0.11
			100.7	9.02	3.86	0.48	5.0	2.8	35.9	0.37	0.13
甘薯蔓	7省市31样品平均值	1-06-100	88.0	8.35	3.64	0.45	8.1	3.2	28.5	1.55	0.04
			100.0	9.49	4.13	0.51	9.2	3.6	32.4	1.76	0.04
花生秧	山东·伏花生	1-06-617	91.3	9.48	4.31	0.53	11.0	8.8	29.6	2.46	
			100.0	10.39	4.72	0.58	12.0	9.6	32.4	2.69	

续附录 2

6. 谷实类

饲料名称	样品说明	饲料编码	干物质(%)	消化能(兆焦/千克)	综合净能(兆焦/千克)	肉牛能量单位(RND/千克)	粗蛋白质(%)	可消化粗蛋白质(%)	粗纤维(%)	钙(%)	磷(%)
玉米	23省市120样品品平均值	4-07-263	88.4	14.7	8.06	1.00	8.6	5.9	2.0	0.08	0.21
			100.0	16.36	9.12	1.13	9.7	6.7	2.3	0.09	0.24
高粱	17省市38样品品平均值	4-07-104	89.3	13.31	7.08	0.88	8.7	5.0	2.2	0.09	0.28
			100.0	14.90	7.93	0.98	9.7	5.6	2.5	0.10	0.31
大麦	20省市49样品品平均值	4-07-022	88.8	13.31	7.19	0.89	10.8	7.9	4.7	0.12	0.29
			100.0	14.99	8.10	1.00	12.2	8.9	5.3	0.14	0.33
稻谷	9省市34样品糙稻平均值	4-07-074	90.6	13.00	6.98	0.86	8.3	4.8	8.5	0.13	0.28
			100.0	14.35	7.71	0.95	9.2	5.3	9.4	0.14	0.31
燕麦	11省市17样品品平均值	4-07-188	90.3	13.28	6.95	0.86	11.6	9.0	8.9	0.15	0.33
			100.0	14.70	7.70	0.95	12.8	10.0	9.9	0.17	0.37
小麦	15省市28样品品平均值	4-07-164	91.8	14.82	8.29	1.03	12.1	9.4	2.4	0.11	0.36
			100.0	16.14	9.03	1.12	13.2	10.3	2.6	0.12	0.39

续附录 2

7. 糠麸类

饲料名称	样品说明	饲料编码	干物质(%)	消化能(兆焦/千克)	综合净能(兆焦/千克)	肉牛能量单位(RND/千克)	粗蛋白质(%)	可消化粗蛋白质(%)	粗纤维(%)	钙(%)	磷(%)
小麦麸	全国115样品平均值	4-08-078	88.6 100.0	11.37 13.24	5.86 6.61	0.73 0.82	14.4 16.3	10.9 12.4	9.2 10.4	0.18 0.20	0.78 0.88
玉米皮	北 京	4-08-094	87.9 100.0	10.12 11.51	4.59 5.22	0.57 0.65	10.1 11.5	5.3 6.0	13.8 15.7	0.28 0.32	0.35 0.40
米 糠	4省市13样品平均值	4-08-030	90.2 100.0	13.93 15.44	7.22 8.00	0.89 0.99	12.1 13.4	8.7 9.7	9.2 10.2	0.14 0.16	1.04 1.15
黄面粉	北京,土面粉	4-08-603	87.2 100.0	14.24 16.33	8.08 9.26	1.00 1.15	9.5 10.9	7.4 8.5	1.3 1.5	0.08 0.09	0.44 0.50
大豆皮	北 京	4-08-001	91.0 100.0	11.25 12.36	5.40 5.94	0.67 0.74	18.8 20.7	9.9 9.9	25.1 27.6	— —	0.35 0.38

续附录 2

8. 饼粕类

饲料名称	样品说明	饲料编码	干物质(%)	消化能(兆焦/千克)	综合净能(兆焦/千克)	肉牛能量单位(RND/千克)	粗蛋白质(%)	可消化粗蛋白质(%)	粗纤维(%)	钙(%)	磷(%)
豆饼	13省市,机榨42样品平均值	5-10-043	90.6	14.31	7.41	0.92	43.0	36.6	5.7	0.32	0.50
			100.0	15.80	8.17	1.01	47.5	40.3	6.3	0.35	0.55
菜籽饼	13省市,机榨21样品平均值	5-10-022	92.2	13.52	6.77	0.84	36.4	31.3	10.7	0.73	0.95
			100.0	14.66	7.35	0.91	39.5	34.0	11.6	0.79	1.03
胡麻饼	8省市,机榨11样品平均值	5-10-062	92.0	13.76	7.01	0.87	33.1	29.1	9.8	0.58	0.77
			100.0	14.95	7.62	0.94	36.0	31.7	10.7	0.63	0.84
花生饼	9省市,机榨34样品平均值	5-10-075	89.9	14.44	7.41	0.92	46.4	41.8	5.8	0.24	0.52
			100.0	16.06	8.24	1.02	51.6	46.5	6.5	0.27	0.58
棉籽饼	4省市,去壳机榨6样品平均值	5-10-612	89.6	13.11	6.62	0.82	32.5	26.3	10.7	0.27	0.81
			100.0	14.63	7.39	0.92	36.3	29.4	11.9	0.30	0.90
向日葵饼	北京,去壳浸提	5-10-110	92.6	10.97	4.93	0.61	46.1	41.0	11.8	0.53	0.35
			100.0	11.84	5.32	0.66	49.8	44.3	12.7	0.57	0.38

续附录 2

9. 糟渣类

饲料名称	样品说明	饲料编码	干物质(%)	消化能(兆焦/千克)	综合净能(兆焦/千克)	肉牛能量单位(RND/千克)	粗蛋白质(%)	可消化粗蛋白质(%)	粗纤维(%)	钙(%)	磷(%)
酒糟	吉林,高粱酒糟	5-11-103	37.7	5.83	3.03	0.38	9.3	6.7	3.4	—	—
			100.0	15.46	8.05	1.00	24.7	17.8	9.0	—	—
酒糟	贵州,玉米酒糟	4-11-092	21.0	2.69	1.25	0.15	4.0	2.4	2.3	—	—
			100.0	12.89	5.94	0.73	19.0	11.4	11.0	—	—
粉渣	玉米粉渣,6省市,7样品平均值	4-11-058	15.0	2.41	1.33	0.16	2.8	1.5	1.4	0.02	0.02
			100.0	16.10	8.86	1.10	12.0	10.3	9.3	0.13	0.13
粉渣	马铃薯粉渣,3省市3样品平均值	4-11-069	15.0	1.90	0.94	0.12	1.0	—	1.3	0.06	0.04
			100.0	12.67	6.29	0.78	6.7	—	8.7	0.40	0.27
啤酒糟	2省,3样品平均值	5-11-607	23.4	2.98	1.38	0.17	6.8	5.0	3.9	0.09	0.18
			100.0	12.27	5.91	0.73	29.0	21.2	16.7	0.38	0.77
甜菜渣	黑龙江	1-11-609	8.4	1.00	0.52	0.06	0.9	0.5	2.6	0.08	0.05
			100.0	11.92	6.17	0.76	10.7	5.4	31.0	0.95	0.60
豆腐渣	2省市,4样品平均值	1-11-602	11.0	1.77	0.93	0.12	3.3	2.8	2.1	0.05	0.03
			100.0	16.09	8.49	1.05	30.0	25.5	19.1	0.45	0.27

续附录 2

饲料名称	样品说明	饲料编码	干物质(%)	消化能(兆焦/千克)	综合净能(兆焦/千克)	肉牛能量单位(RND/千克)	粗蛋白质(%)	可消化粗蛋白质(%)	粗纤维(%)	钙(%)	磷(%)
酱油渣	宁夏银川、豆饼3份、麸皮2份	5-11-080	24.3	3.62	1.73	0.21	7.1	4.8	3.3	0.11	0.03
			100.0	14.89	7.14	0.88	29.2	19.6	13.6	0.45	0.12

10. 常用矿物质饲料中的元素含量表

名 称		化学式	矿物质含量
钙	碳酸钙	$CaCO_3$	Ca=40%
	石灰石粉	—	Ca=34%~38%
钙、磷	磷酸氢二钠	$Na_2HPO_4 \cdot 12H_2O$	P=8.7% Na=12.8%
	亚磷酸氢二钠	$Na_2HPO_3 \cdot 5H_2O$	P=14.3% Na=21.3%
	磷酸钠	$Na_3PO_4 \cdot 12H_2O$	P=8.2% Na=12.1%
	焦磷酸钠	$Na_4P_2O_7 \cdot 10H_2O$	P=14.1% Na=10.3%
	磷酸氢钙	$CaHPO_4 \cdot 2H_2O$	P=18.0% Ca=23.2%
	磷酸钙	$Ca_3(PO_4)_2$	P=20.2% Ca=38.7%
	过磷酸钙	$Ca(H_2PO_4)_2 \cdot 2H_2O$	P=24.6% Ca=15.9%